高职高专特色课程项目化教材

高聚物合成技术

主编　张立新

东北大学出版社
·沈　阳·

图书在版编目（CIP）数据

高聚物合成技术 / 张立新主编. -- 沈阳 : 东北大学出版社，2021.9

ISBN 978-7-5517-2776-1

Ⅰ. ①高… Ⅱ. ①张… Ⅲ. ①高聚物－合成－生产工艺－高等职业教育－教材 Ⅳ. ①TQ316

中国版本图书馆 CIP 数据核字(2021)第 188535 号

内容简介

本教材以典型产品为导向，根据聚合工岗位（群）职业能力的要求，以“小型生产进课堂、大型生产进工厂”的真实工作任务为学习内容。在学习过程中，本教材对学生知识和能力的训练体现出渐进性。

本教材以教学任务形式编写，题材新颖、实践操作性强，注重对学生实践技能的培养与训练，体现了任务驱动、项目导向的教学改革模式，内容贴近生产实际，可作为高职高专化工技术类、高分子材料类及相关专业的教材，也可供从事高聚物生产的工程技术人员参阅。

出 版 者：东北大学出版社
地址：沈阳市和平区文化路三号巷 11 号
邮编：110819
电话：024-83687311(市场部) 83680267(社务部)
传真：024-83680180(市场部) 83680265(社务部)
网址：http://www.neupress.com
E-mail: neuph@neupress.com
印 刷 者：辽宁一诺广告印务有限公司
发 行 者：东北大学出版社
幅面尺寸：185 mm×260 mm
印 张：11.25
字 数：246 千字
出版时间：2021 年 9 月第 1 版
印刷时间：2021 年 9 月第 1 次印刷
策划编辑：牛连功
责任编辑：袁竹筠 杨世剑
责任校对：周 朦
封面设计：潘正一

ISBN 978-7-5517-2776-1 定 价：28.00 元

前　言

根据高等职业教育的特点及课程性质，本教材结合了相关专业人才培养方案的需求，在注重学科基本知识结构学习的基础上，淡化了复杂的理论，突出了利用基本规律解决实际问题。学习内容由浅入深、从基础到应用，突出了知识的应用性。在内容编排上，本教材以对企业调研为基础、以对职业岗位群工作任务的分析为依据、以实际工作任务为载体，增加了高聚物合成技术领域的新工艺、新技术的内容，保证了实用性。

本教材主要内容共分为五个学习情境。学习情境一重点阐述了高聚物合成技术的基本理论知识、高聚物典型生产过程及主要岗位工作任务；学习情境二至学习情境五，选择了13种典型合成产品，以典型产品的生产过程为主线，介绍了每种产品的性能及用途、生产原理、主要岗位任务、生产工艺流程等，有利于学生熟悉并掌握岗位知识及技能。

本教材由辽宁石化职业技术学院张立新担任主编，并得到中国石油化工集团有限公司、中国石油天然气集团有限公司等企业工程技术人员的大力支持，在此表示感谢！

由于编者水平有限，本教材中难免存在不足之处，敬请读者批评指正。

编　者

2021年3月

目 录

学习情境一　高聚物合成技术的基础知识

【知识目标】

（1）掌握高聚物的基本概念、特点及分类方法。

（2）掌握自由基型聚合反应、离子型聚合反应、配位聚合反应及缩聚反应的反应机理及影响因素。

（3）了解高聚物合成的生产过程及各岗位工作任务。

（4）掌握高聚物合成的工艺过程。

（5）掌握连锁聚合反应、缩聚反应的各种工业实施方法及工艺特点、控制因素。

（6）熟悉连锁聚合及逐步聚合反应的单体结构特征和聚合反应特征。

【能力目标】

（1）能运用聚合反应机理正确分析影响聚合反应的因素及控制方法。

（2）能熟练分析高聚物合成的工艺过程及主要岗位的工作任务。

（3）能分析各种聚合反应工业实施方法的工艺特点及控制因素。

任务一　知识回顾——聚合反应机理

一、概述

1. 高聚物的基本概念及特点

高聚物是高分子化合物的简称，是指由许多相同的、简单的结构单元通过共价键连接而成的大分子组成的化合物。与小分子化合物相比，高聚物具有相对分子质量大（$10^4 \sim 10^6$）、分子链长（$10^{-7} \sim 10^{-5}$ m）及相对分子质量的多分散性等特点。

高聚物主要用作材料，材料的基本要求是强度，高聚物的强度与其相对分子质量密切相关。高聚物的许多优异性能（如拉伸强度、抗冲击强度、断裂伸长率等）都与其相对分子质量大有直接关系，因此，高聚物的相对分子质量是决定高聚物使用性能的重要指标。一些常用的高聚物的相对分子质量如表 1-1 所列。

表 1-1　一些常用高聚物的相对分子质量

常用高聚物		相对分子质量/（$\times10^4$）	常用高聚物		相对分子质量/（$\times10^4$）	常用高聚物		相对分子质量/（$\times10^4$）
塑料	高密度聚乙烯	6~30	橡胶	天然橡胶	20~40	纤维	聚酯纤维（涤纶）	1. 8~2. 3
	聚氯乙烯	5~15		丁苯橡胶	15~20		聚己二酰己二胺（尼龙-66）	1. 2~1. 8
	聚苯乙烯	10~30		顺丁橡胶	25~30		聚乙烯醇缩甲醛纤维（维尼纶）	6. 0~7. 5
	聚碳酸酯	2~6		氯丁橡胶	10~12		聚丙烯（纤维级）	12~18

2. 高聚物的分类

随着高分子合成工业的不断发展及新聚合反应技术的不断涌现，高聚物的种类日益增多。为了更好地应用高聚物，人们对其进行了系统化的分类。如按照来源可分为天然高分子、半天然高分子、合成高分子；按照性能和用途可分为塑料、橡胶、纤维、涂料、黏合剂、离子交换树脂等（前三种统称为三大合成材料）；按照高分子链几何形状可分为线型高分子、支链型高分子、体型高分子；按照高分子主链结构可分为碳链高聚物、杂链高聚物、元素有机高聚物、无机高聚物。

下面主要对按照高分子主链结构进行的分类做介绍。

（1）碳链高聚物。高分子主链完全由碳原子组成。绝大部分单烯类和二烯类聚合物属于此类，如聚乙烯（polyethylene，PE）、聚丙烯（polypropylene，PP）、聚氯乙烯（polyvinyl chloride，PVC）、聚苯乙烯（polystyrene，PS）等。

（2）杂链高聚物。高分子主链中除碳原子外，还有氧、氮、硫等杂原子，如聚甲醛、聚醚、聚酯、聚酰胺、聚碳酸酯等。

（3）元素有机高聚物。高分子主链中没有碳原子，主要由硅、铝、硼、氧、氮、钛等原子组成，但侧基却由有机基团（如甲基、乙烯基、芳基等）组成，如聚硅氧烷、聚钛氧烷等。

（4）无机高聚物。高分子主链及侧基均无碳原子，如硅酸盐类。

3. 高聚物的形成反应

由低分子单体合成高聚物的化学反应称为聚合反应。可以从不同的角度对聚合反应进行分类，常见的分类方法主要有以下两种。

（1）按照单体和聚合物组成与结构的变化分类。

① 加聚反应。是加成聚合反应的简称，是单体经加成而聚合起来的反应，合成的

产物称为加聚物。氯乙烯加聚生成聚氯乙烯就是一个典型的例子。

绝大多数烯类高聚物或碳链高聚物都是通过加聚反应合成的，如氯乙烯、苯乙烯等。

聚合反应式如下：

$$nCH_2=\underset{\times}{\underset{|}{CH}} \longrightarrow \left[CH_2-\underset{\times}{\underset{|}{CH}} \right]_n$$

② 缩聚反应。是缩合聚合反应的简称，是单体经多次缩合而聚合成大分子的反应，反应过程还伴有水、醇、氨或氯化氢等低分子副产物的产生，合成的产物称为缩聚物。己二胺和己二酸经聚合反应生成尼龙-66就是一个典型的例子。

聚合反应式如下：

$$nH_2N\ (CH_2)_6NH_2+nHOOC\ (CH_2)_4COOH \longrightarrow$$
$$H\left[HN\ (CH_2)_6NHOC\ (CH_2)_4CO \right]_n OH+\ (2n-1)\ H_2O$$

③ 开环聚合反应。杂链高聚物中有一部分产物结构类似缩聚物，但反应时无低分子副产物产生，且聚合产物与单体组成相同，又与加聚反应类似。因此，环状单体聚合成线性聚合物的反应称为开环聚合反应，如环氧乙烷经开环聚合反应生成聚环氧乙烷，己内酰胺开环聚合生成聚酰胺-6（尼龙-6）等。

聚合反应式如下：

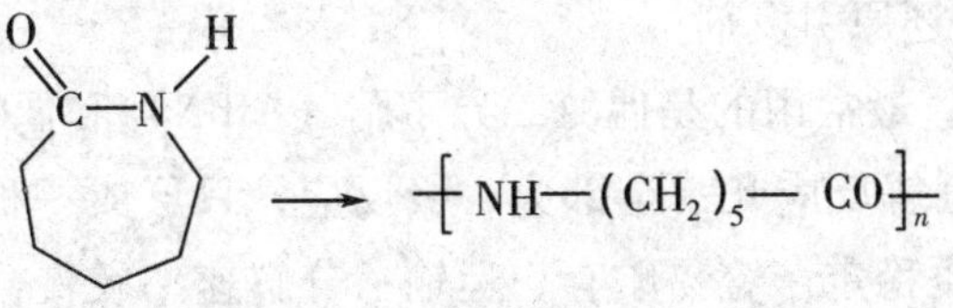

（2）按照聚合反应机理分类。既可以反映聚合反应的本质，也可以利用其特征来控制聚合速率和产物的相对分子质量等聚合反应重要指标，因此，这种分类方式非常重要。

① 连锁聚合反应。多数烯烃类单体的加聚反应属于连锁聚合反应。连锁聚合反应需要活性中心（活性种），活性中心可以是自由基、阳离子或阴离子，因而连锁聚合反应可分为自由基聚合反应、阳离子聚合反应和阴离子聚合反应。单体与活性中心反应使链不断增长，连锁聚合反应由链引发、链增长、链终止等各步基元反应组成，各基元反应的速率和活化能差别很大，体系始终由单体和高聚物组成，没有相对分子质量递增的中间产物。连锁聚合反应一般为不可逆反应。

② 逐步聚合反应。多数缩聚反应和加成反应属于逐步聚合反应。逐步聚合反应不需要特定的活性中心，是由低分子转变成高分子的过程，反应缓慢，逐步进行。在反应初期，大部分单体很快聚合形成二聚体、三聚体、四聚体等低聚物，随后，低聚物之间继续发生聚合反应，相对分子质量逐步增加，每一步的反应速率和活化能基本相同，聚合体系由单体和相对分子质量递增的系列中间产物组成。大多数逐步聚合反应为可逆反应。

二、自由基型聚合反应

自由基型聚合反应是连锁聚合反应中最重要、最典型的一种聚合反应。通过此类聚合反应得到的高聚物有低密度聚乙烯（low density polyethylene，LDPE）、聚氯乙烯、聚苯乙烯、聚甲基丙烯酸甲酯（PMMA）、聚丙烯腈、丁苯橡胶、ABS 树脂等。

1. 自由基型聚合反应及分类

自由基型聚合反应是指单体借助光、热、辐射、引发剂等的作用，使单体分子活化形成自由基活性中心，再与单体分子连锁聚合形成高聚物的化学反应。

自由基型聚合反应按照参加反应单体的种类数目可以分为均聚反应和共聚反应。

（1）只有一种单体参加的自由基型聚合反应称为均聚反应。通过此类聚合反应得到的高聚物有低密度聚乙烯、聚氯乙烯、聚甲基丙烯酸甲酯等。

（2）由两种或两种以上单体参加的自由基型聚合反应称为共聚反应。通过此类聚合反应得到的高聚物有丁苯橡胶、ABS 树脂等。

2. 自由基型聚合反应的引发剂

引发剂是指容易分解产生自由基，并能引发单体使之聚合的物质。引发剂在分子结构上具有弱键，且分解后的残基会连接在大分子链的末端，不能分离出来。

（1）引发剂的类型。工业上可作为自由基型聚合反应的引发剂主要有偶氮类引发剂（偶氮化合物）、有机过氧类引发剂（有机过氧化合物）、无机过氧类引发剂（无机过氧化合物）和氧化-还原引发剂。

① 偶氮类引发剂。最常用的是偶氮二异丁腈（AIBN）和偶氮二异庚腈（ABVN）。这类引发剂的特点是分解反应几乎全部为一级反应，只形成一种自由基，并且分解均匀，无诱导分解，性质稳定，容易贮存、运输；分解速率较慢，属于中、低活性引发剂；产品容易提纯，价格便宜；分解时有 N_2逸出，工业上可用作泡沫塑料的发泡剂，科学研究中可利用 N_2放出速率来研究其分解速率。它广泛应用于高分子的研究和生产中。

② 有机过氧类引发剂。最常用的是过氧化二苯甲酰（BPO）和过氧化十二酰（LPO）等。这类引发剂的特点是分解速率较慢，容易发生诱导分解，属于低活性引发剂。为了提高聚合速率，缩短聚合周期，工业上常采用中、高活性的有机过氧化物引发剂，如过氧化二碳酸二异丙酯（IPP）、过氧化二碳酸二辛酯（EHP）、过氧化新癸酸异丙苯酯（CNP）等，但在制备、贮存和精制高活性引发剂时需要注意安全问题，使用时要避光、不能加热，且一般需配成溶液后低温（10 ℃以下）贮存，故实验室中一般不使用。

③ 无机过氧类引发剂。最常用的是过硫酸钾（$K_2S_2O_8$）和过硫酸铵[$(NH_4)_2S_2O_8$]。这类引发剂属于水溶性引发剂，分解速率受体系 pH 值和温度影响较大，可单独使用，但更普遍的是与适当的还原剂构成氧化-还原体系，可在室温或更低的温度下引发聚合，常用在乳液聚合中。

④ 氧化-还原类引发剂。是在过氧化物引发剂中加入适量还原剂，通过氧化-还原

反应的电子转移生成自由基，从而引发聚合。此类引发剂可降低分解活化能，使聚合反应在较低的温度下进行，具有较快的分解速率，有利于节省能源，可改善聚合产物的性能。根据其是否溶于水，可分为水溶性氧化-还原引发剂和油溶性氧化-还原引发剂。

（2）引发剂的选择。在高分子合成工业中，合理地选择适宜的引发剂对提高聚合反应速率、保证产品质量及安全生产具有重要的意义。通常从以下几个方面考虑选择引发剂的类型。

① 依据聚合反应的实施方法选择引发剂的类型。自由基型聚合反应的工业实施方法有本体聚合、悬浮聚合、溶液聚合和乳液聚合。其中，本体聚合、油相单体悬浮聚合、有机溶液聚合等要选择油溶性的偶氮类和有机过氧类引发剂；乳液聚合和水溶液聚合要选择水溶性的过硫酸盐类引发剂或氧化-还原引发剂。

② 依据聚合温度选择半衰期适当的引发剂。聚合温度是影响聚合速率和产物相对分子质量的重要因素。半衰期适当的引发剂可使自由基的形成速率和聚合速率适中，保证产品质量；半衰期过长或过短都不利于聚合反应正常进行。如果引发剂活性过低，会造成分解速率过低，使聚合时间延长或需要提高聚合温度；相反，若引发剂活性过高，分解半衰期过短，虽然可以提高聚合速率，但反应放热集中，温度不好控制，容易引起爆聚。同时，引发剂过早分解，会造成低转化率阶段聚合反应停止。若无适当半衰期的引发剂，也可以考虑选用复合引发剂，即采用两种或两种以上不同半衰期引发剂的混合物。针对实际聚合反应初期慢、中期快、后期又转慢的特点，最好选择高活性与低活性复合型引发剂，通过前期高活性引发剂的快速分解以保证前期聚合速率加快，后期维持一定速率，缩短了聚合反应的周期，以达到复合引发剂的“协同”效果。

③ 依据聚合物的特殊用途选择合适的引发剂。在选用引发剂时，有时还需要考虑引发剂对聚合产物的用途有无影响。如有机过氧类引发剂具有氧化性，合成的聚合物容易变色，不能用于有机玻璃等光学高分子材料的合成；偶氮类引发剂有毒而不能用于与医药、食品有关的聚合物合成；过氧化物在醇、醚、胺等溶液中会迅速分解，易发生爆炸，因此，在这些溶剂中不易选择过氧化引发剂；在进行动力学研究时，多选择偶氮类引发剂，以防止发生诱导分解反应。

④ 依据聚合反应选择适当的引发剂用量。引发剂浓度不仅影响聚合速率，还影响聚合产物的相对分子质量。通常，在保证控制温度和避免爆聚的前提下，尽量选择高活性引发剂，以减少引发剂用量，提高聚合速率，缩短聚合时间。在实际的生产中，引发剂用量大约为单体质量的0.8%~1.0%，但大多数需要通过大量实验才能决定合适的引发剂的最佳用量。

此外，在选择引发剂时，还要综合考虑如贮运安全、价格、来源、稳定性以及对聚合物外观的影响等各方面的因素。

3. 自由基型聚合反应机理

自由基型聚合反应属于典型的连锁聚合反应，其反应历程主要包括链引发、链增长、链终止和链转移等基元反应。链引发速率最小，是控制总聚合速率的关键；链增长反应主要是按头-尾方式连接，聚合温度升高，头-头连接（或尾-尾连接）的比例会略有增加；链终止方式主要有双基偶合终止和双基歧化终止两种，终止方式与单体种类和聚合条件有关；链转移是指在聚合反应过程中，也有可能发生链自由基向单体、引发剂、溶剂或大分子的转移反应。

4. 自由基型聚合反应的影响因素

影响自由基型聚合反应的主要因素有原料纯度与杂质、聚合反应温度、聚合反应压力等。

（1）原料纯度与杂质。在工业生产中，对高分子合成所用的单体、引发剂、溶剂、水及其他各种助剂等主要原料的纯度有严格的要求。一般聚合级的单体纯度为99.90%～99.99%，杂质的含量为0.01%～0.10%。聚合反应的条件不同，对原料纯度要求也不同。

（2）聚合反应温度。与一般的化学反应一样，聚合反应对温度最为敏感，尤其是热引发或引发剂引发的聚合反应受温度的影响更为显著。温度不但影响聚合速率和产物的平均聚合度，还会影响产物的微观结构。通常，聚合速率随温度的升高而增大，产物平均聚合度随温度的升高而下降。因此，聚合反应温度是影响聚合产物产品质量的一个重要参数。为防止产物相对分子质量产生波动，必须严格控制聚合反应温度。

（3）聚合反应压力。一般来说，压力对液相聚合或固相聚合影响较小，但对气态单体的聚合速率和相对分子质量的影响较显著。通常情况下，聚合压力增高，聚合速率加快，产物相对分子质量增大，支化程度降低。但是，压力对聚合反应速率的影响要比温度对聚合反应速率的影响小。在工业生产中，只有当聚合反应温度一开始就比较高的时候才使用高压聚合反应。

总之，影响自由基型聚合反应的因素很多，在实际生产中，应根据具体的高聚物品种及生产要求合理控制。

三、离子型聚合反应

离子型聚合反应属于连锁聚合反应，具有一般连锁聚合反应的基本特征，也是由链引发、链增长、链终止三个基元反应组成。此外，离子型聚合反应还具有对单体和引发剂都具有极高的选择性、活性中心存在反离子、链引发反应活化能低、聚合速率快、不存在偶合终止、聚合条件苛刻等典型特征。离子型聚合反应的活性中心为离子或离子对。根据活性中心所带电荷的不同，又可分为阳离子型、阴离子型和配位聚合反应。

离子型聚合反应对环境的要求十分苛刻，微量的杂质（如空气、水、酸、醇等）是离子型聚合反应的阻聚剂。因此，此类聚合反应对反应介质的性质要求高，且聚合反应的重现性差，这不仅影响了聚合机理的理论研究，也限制了离子型聚合反应在工业上的应用。如果对单体可以采用自由基型聚合反应，则一般不采用离子型聚合反应制备聚合物。

由于离子型聚合单体可选择的范围比较窄，目前已工业化生产的聚合品种与自由基聚合产物的种类相比要少得多。目前，在工业上利用离子型聚合反应（阴离子、阳离子、配位离子及开环聚合反应）已经生产了许多性能优良的聚合物，如高密度聚乙烯、聚丙烯、顺丁橡胶、异戊橡胶、丁基橡胶、聚甲醛、聚环氧乙烷等。离子型聚合反应具有较强的控制大分子链结构的能力，通过阴离子聚合反应可获得活性高聚物，也能有目的地将分子设计合成具有预想结构和性能的聚合物，如遥爪聚合物、嵌段共聚物等。

配位聚合反应属于离子型聚合反应，所用的引发剂具有特殊的定位作用，形成的活性中心为配位阴离子，单体采用定向吸附、定向插入。配位聚合反应是在发现齐格勒-纳塔（Ziegler-Natta）引发剂的基础上逐步发展起来的一类重要的聚合反应。使用齐格勒-纳塔引发剂可大大提高单体的引发活性，使很多难以聚合的烯烃类单体合成立构规整性高聚物，有规立构高聚物的最大特点是高分子链排列非常规整而且很容易结晶。在齐格勒-纳塔引发剂中加入含 N，P，O 给电子体的物质（第三组分），可使引发剂的引发活性及产物立构规整度变得更高，但聚合速率会有所下降。同时，配位聚合对所用的单体及溶剂纯度要求很高，尤其要严格控制 O_2，CO，H_2，H_2O，CH $\equiv$ CH 等的含量，以防止它们与引发剂反应使引发剂的活性降低。利用配位聚合反应生成的可以实现工业化生产的聚合物主要有高密度聚乙烯、聚丙烯、顺丁橡胶、乙丙橡胶等。另外，开环聚合反应也属于离子型聚合反应，但究竟是阴离子型聚合反应还是阳离子型聚合反应则取决于引发剂的类型。

四、共聚合反应

由两种或两种以上单体共同参加的聚合反应称为共聚合反应。通过共聚合反应得到的聚合产物大分子链中含有两种或两种以上的单体单元，称为共聚物。按照两种结构单元在大分子链中排列方式的不同，可把共聚物分为无规共聚物、交替共聚物、嵌段共聚物、接枝共聚物四种类型。共聚合反应可增加高聚物品种及改进高聚物的性能。

五、缩聚反应

缩聚反应是指含有两个或两个以上官能团的单体分子间逐步缩合、聚合形成高聚物，同时有低分子副产物（如 H_2O，HX，ROH 等）析出的化学反应。其反应的实质是官能团之间发生缩合反应，如聚酯化反应、聚酰胺化反应等。缩聚反应按照聚合产物大分子链的形态可分为线型缩聚反应与体型缩聚反应两大类。

1. 线型缩聚反应

参加反应的单体都含有两个官能团，反应中形成的大分子向两个方向发展，得到线型聚合物，这类反应称为线型缩聚反应。如二元酸与二元醇反应生成聚酯，二元酸与二元胺反应生成聚酰胺等。其产物特点是具有可溶解性、可熔融性。

2. 体型缩聚反应

参加反应的单体必须有一种含有两个以上的官能团，形成的大分子向三个方向增长，得到体型结构的聚合物，这类反应称为体型缩聚反应。如丙三醇与邻苯二甲酸酐的反应，苯酚与甲醛等的反应。这类反应除了按照线型方向进行链增长外，侧基也参加缩聚而形成体型结构，往往分阶段进行，产物为热固性聚合物。

3. 影响线型缩聚反应的因素

缩聚反应的平衡是动态平衡，平衡条件是影响线型缩聚物聚合度的重要因素。线型缩聚反应的平衡主要受以下三方面影响。

（1）温度。大多数缩聚反应是放热反应，所以升高温度会使平衡常数减小，缩聚产物聚合度下降，对生成高相对分子质量的产物不利。但由于缩聚反应热效应不大，一般 ΔH 的值为-33.5~41.9 kJ/mol，所以温度对平衡常数的影响不大。然而，升高温度可降低反应体系黏度，有利于排除低分子副产物，能使平衡向形成缩聚物的方向移动，尤其是反应后期体系黏度较大时更有实际意义。因此，平衡缩聚反应须在高温（如 150~200 ℃或更高温度）下进行，以加速达到平衡状态，缩短缩聚反应时间。但提高温度后，可能导致单体挥发、官能团化学变化、缩聚物降解等，所以生产上常需通入 N_2，CO_2等惰性气体以防止产生以上不良变化。在较低温度下结束缩聚反应，可得到较大的聚合度，这在生产实际中是一种重要的工艺控制方法。因此，如果反应前期在高温下进行、后期在低温下进行，就可以达到既缩短反应时间又提高相对分子质量的目的。

（2）压力。压力对在高温下进行的有小分子副产物气化排出的缩聚反应有很大影响。对缩聚反应体系进行真空减压，有利于排除低分子副产物，使平衡向形成缩聚物的方向移动。特别是对平衡常数较小的反应（如聚酯化反应），如在反应后期采取真空减压操作，在较低温度下则既可排除低分子副产物，又可建立平衡，从而提高缩聚物的相对分子质量。但高真空度对设备的制造、加工精度要求严格，设备投资较大，因此，在实际生产中常常采用向缩聚反应体系充入惰性气体的方法。这种方法既可降低分压，排除低分子副产物，使平衡向形成缩聚物的方向移动，又可使缩聚物不受氧化，特别适用于高温缩聚反应。

（3）催化剂。缩聚反应是官能团之间的反应，加入催化剂不影响平衡常数，但能降低反应活化能，提高反应速率。实际生产中经常加入少量催化剂以提高反应速率，缩短缩聚反应时间，如聚酯化反应总是采用加酸催化。但加入催化剂也增加了发生副反应的可能性，会导致产物相对分子质量降低。为了避免副反应，缩聚反应往往不加催化剂，如二元胺与二元酸的缩聚反应等。

此外，若采用溶液缩聚的方法生产缩聚物，不同的溶剂对聚合的影响也较大。

任务二 合成高聚物的生产过程及各岗位任务

一、高分子合成工业

高分子合成工业的任务是将基本有机合成工业生产的有机化合物（单体）经过聚合反应合成高分子化合物（高聚物），从而为高分子材料成型加工工业提供基本原料。

高分子合成材料的主要特点是原料来源丰富、品种繁多、生产工艺简单、性能多样化，很多性能优于天然材料，可满足现代科学技术、工农业生产、医药卫生及国防工业的特殊需求。高分子合成材料加工成型方便，可制成各种形状的产品。因此，其已成为各行各业中不可缺少的材料。

我国具有丰富的石油资源和煤炭资源，使得以石油、煤炭为基础的高分子合成工业发展迅速。目前，高分子合成原料的主要来源有三个：石油化工路线，煤炭路线，农副产品路线。

1. 石油化工路线

采用石油化工路线的相关各工业关系示意图如图 1-1 所示。

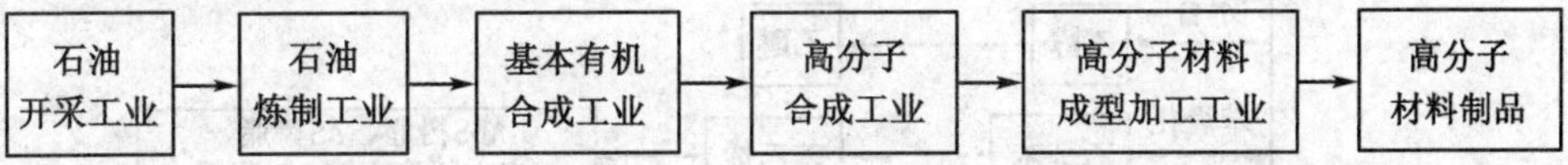

图 1-1 石油化工路线的相关各工业关系示意图

（1）石油开采工业。它是从石油中开采出原油和油田伴生气的工业。

（2）石油炼制工业。它是将原油经过减压蒸馏、催化裂化、加氢裂化、焦化、加氢精制等过程加工成各种石油产品（如汽油、煤油、柴油、润滑油等）的工业。

（3）基本有机合成工业。它是将经过石油炼制得到的相关油品（如汽油、柴油）经高温裂解、分离精制得到“三烯”（即乙烯、丙烯及丁二烯），由裂解得到的轻油经催化重整加工得到“三苯一萘”（即苯、甲苯、二甲苯及萘），进一步可合成醇、醛、酮、有机酸、酸酐、酯及含卤类衍生物等。基本有机合成工业不仅为高分子合成工业提供了最主要的原料——单体，并且提供溶剂、塑料用添加剂及橡胶用配合剂等。

2. 煤炭路线

煤炭路线是指以煤为原料合成甲醇后，再通过甲醇制取乙烯、丙烯等烯烃的技术。以煤代油（煤代油是指通过发展清洁煤技术实现对石油的有效替代）生产低碳烯烃是实现我国“煤代油”能源战略和保证国家能源安全的重要途径之一。

3. 农副产品路线

农副产品路线是指以农副产品为基础原料生产高分子材料，主要是利用木材、粮食、蔗渣、棉秆、谷壳、麦秆加工棚发酵生产乙醇、糠醛等有机化合物。该路线出发点是充分利用自然资源，变废为宝。

二、常见高分子合成用单体及用途

1. 乙烯和丙烯

分别以乙烯、丙烯为单体经聚合反应得到的聚乙烯和聚丙烯是目前产量、用量较大的两类聚烯烃合成树脂。乙烯和丙烯用途十分广泛，发展迅速，也是合成其他树脂的主要原料。乙烯、丙烯的主要用途如图 1-2 和图 1-3 所示。

2. 1,3-丁二烯

1,3-丁二烯是合成橡胶的主要单体之一，还可以生产工程塑料及热塑性树脂。1,3-丁二烯的主要用途如图 1-4 所示。

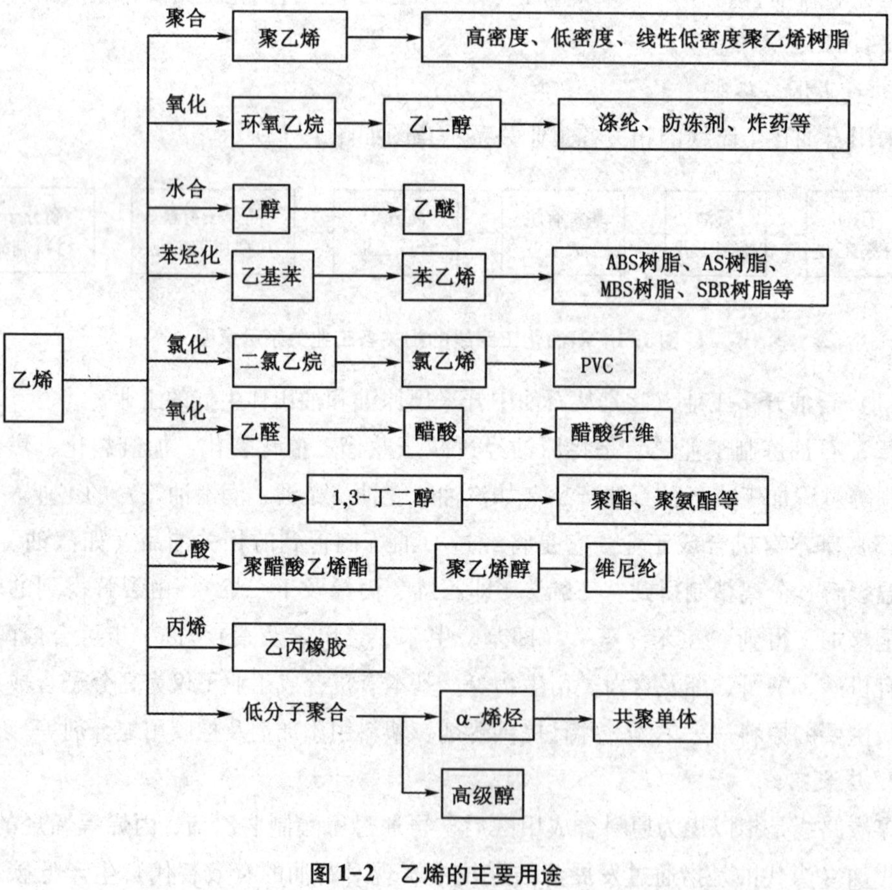

图 1-2　乙烯的主要用途

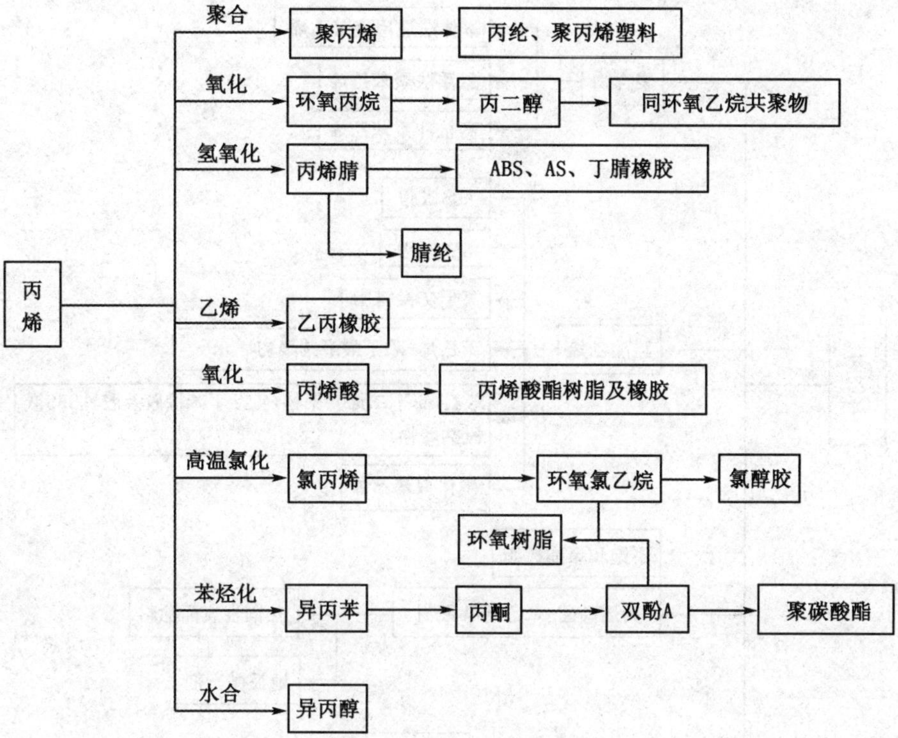

图 1-3　丙烯的主要用途

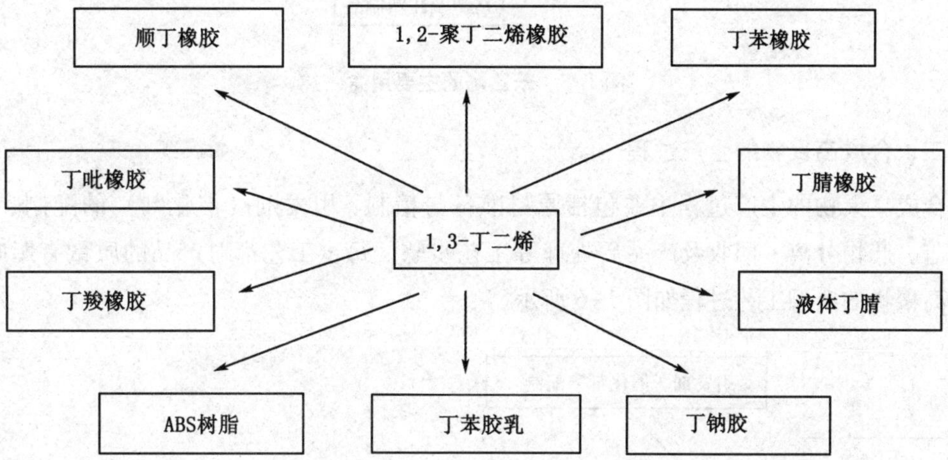

图 1-4　1,3-丁二烯的主要用途

3. 苯乙烯

苯乙烯是合成高聚物的重要原料，利用它可制成合成橡胶、合成树脂及多种精细化工产品。苯乙烯的主要用途如图 1-5 所示。

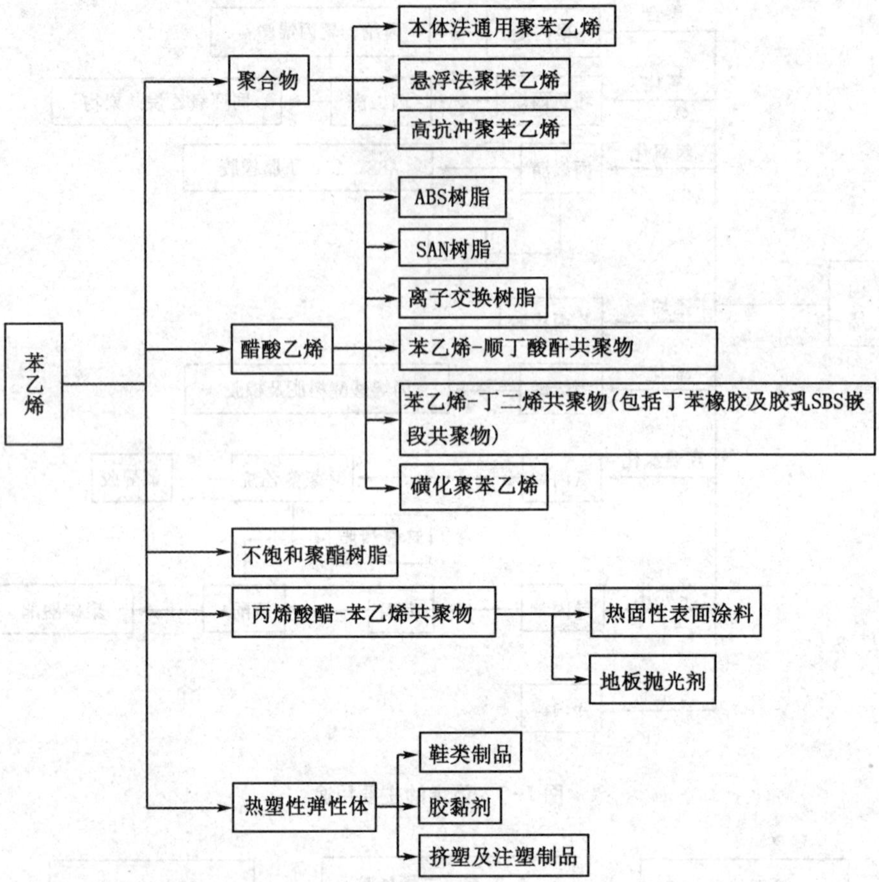

图 1-5　苯乙烯的主要用途

三、合成高聚物的生产过程

合成高聚物的生产过程主要包括原料准备与精制、引发剂（催化剂）的配制、聚合反应、产物分离、回收及产品后处理等工艺步骤，每步工艺都对产品的质量有影响。合成高聚物的典型工艺过程如图 1-6 所示。

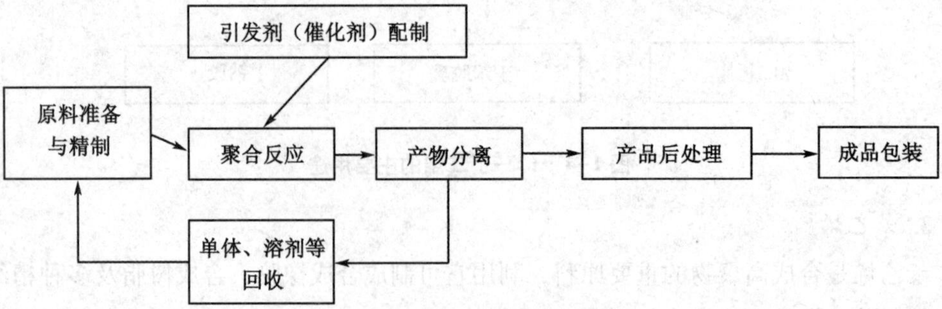

图 1-6　合成高聚物的典型工艺过程

1. 主要生产过程描述

（1）原料准备与精制过程。主要包括单体、溶剂、去离子水等原料的贮存、洗涤、精制、干燥、调整浓度等过程。高聚物合成所用的大多数单体及溶剂都是有机化合物，具有易燃、易爆和有毒的特点，因此，在贮存和输送过程中应当考虑安全问题，需要注意以下几点。

① 为防止单体与空气接触产生爆炸混合物或过氧化物，要求贮存设备和输送管路的密封性要好，不应有渗漏现象。

② 单体和溶剂贮存的温度不能过高，应尽量低温、避光贮存。

③ 在贮存区不得有烟火或引起火灾的物品。

④ 为了防止受热后单体产生自聚，单体贮罐及容器应避免阳光照射，注意采用隔热和降温措施或安装冷却装置，必要时应添加少量阻聚剂。

⑤ 贮存低沸点的单体和溶剂的容器及设备应能耐高压。

⑥ 为防止贮罐内进入空气，高沸点的单体贮罐内应当通入氮气以起到保护作用。

此外，生产合成高聚物要求单体中杂质含量少，要求纯度达到99%以上。有害杂质不仅影响聚合反应速率和产物相对分子质量，还可能造成引发剂失活或中毒。尤其是单烯烃及二烯烃单体中要求醛、酮、炔烃的含量应很少。除单体和溶剂外，所用水及助剂的配制也应达到聚合级要求，如离子聚合反应中必须将体系的含水量降低到10^{-6}级，否则微量的水分也会导致引发剂失去活性。

（2）引发剂（催化剂）的配制过程。它主要包括聚合用引发剂（催化剂）和助剂的溶解、贮存、调整浓度等过程。在引发剂的配制过程中，多数引发剂有受热后易分解爆炸的危险，所以要充分考虑不同种类引发剂的稳定程度。

① 自由基型聚合反应所用引发剂。油溶性引发剂主要是偶氮类化合物和有机过氧化物，这类引发剂受热后易分解，宜贮存在低温环境中。尤其是固体有机过氧化物易爆炸燃烧，在工业中贮存时要分成小包装，且有一定的水分保持潮湿状态，还要注意防火、防撞击。液体过氧化物可加入一定量的溶剂稀释以降低其浓度。水溶性引发剂主要是过硫酸盐及氧化-还原引发剂，这类引发剂在使用前一般用水配成一定浓度的溶液后，再加以使用。

② 离子型聚合反应所用引发剂。此类聚合反应所用引发剂有阳离子引发剂、阴离子引发剂及配位引发剂，其共同特点是不能同水及空气中的氧、醇、醛、酮等极性化合物接触，否则易引起引发剂的中毒。尤其是水的存在很容易引起引发剂的爆炸分解，导致引发剂失去活性。

离子型聚合反应所用引发剂中烷基金属化合物的危险性最大，遇氧后会发生爆炸。如三乙基铝［$Al(C_2H_5)_3$］接触空气就会自燃，遇水则会发生强烈反应而爆炸，使用时要特别小心，贮存的地方应有消防设备，配制好的引发剂用氮气或其他惰性气体加以保护。

过渡金属卤化物如 $TiCl_4$，$TiCl_3$，$AlCl_3$，BF_3等易水解放出腐蚀性气体。因此，接触的空气或惰性气体应当十分干燥，使用容器、管道及贮罐用惰性干燥气体或无水溶剂冲洗。此外，$TiCl_4$和 $TiCl_3$易与空气中的氧反应，在贮存和运输中要严格防止接触空气。

在配制配位引发剂时，加料的顺序、陈化方式及温度对引发剂的活性也有很大的影响。

引发剂的用量通常很少，特别是高效引发剂用量往往更少，配制时一定要按照规定的方法和配方要求进行操作，这样才能保证其活性。

③ 缩聚反应所用催化剂。缩聚反应是官能团之间逐步缩合聚合形成高聚物的反应，即使不加催化剂也可以完成聚合反应，但有时为了加快反应速率，也加入一定量的催化剂。这类催化剂大多数是酸、碱和金属盐类化合物，一般不属于易燃、易爆化合物，但对人体有一定的伤害，使用时也要注意安全。

（3）聚合反应过程。高聚物的聚合反应过程是高聚物合成工艺过程中的核心，也是最关键的步骤，对整个高聚物的生产起决定性作用，直接影响聚合产物的结构、性能及应用。不同的聚合工业实施方法，其聚合反应的控制因素不同，主要应考虑以下几个方面。

① 对聚合体系的要求。聚合体系中单体、分散介质（水、有机溶剂）和助剂的纯度应达到要求，不含对聚合反应有害的杂质；不含影响聚合物色泽的杂质；同时要满足生产用量及配比要求。

② 对反应条件的要求。聚合反应多为放热反应，不同单体聚合热差别很大。聚合温度主要影响聚合反应速率、产物的相对分子质量及分布。因此，为控制高聚物产品的质量，通常要求聚合反应体系的温度波动与变化不能太大。聚合反应压力主要对沸点低、易挥发的单体和溶剂影响较大，影响规律与温度影响相似。因此，生产上需采用高度自动化控制。

③ 对聚合设备和辅助装置的要求。高聚物的合成反应通常在反应器中进行，反应器应有利于加料、出料及传质、传热。高聚物合成的品种很多，聚合方法不同，反应器的类型也不同。由于高聚物产品形成之后不能精制提纯，所以对聚合生产设备的材质要求严格，设备及管道应采用不锈钢、搪玻璃或不锈钢碳钢复合材料等制成。

④ 对产品牌号的控制方法。高聚物的生产可通过改变配方或反应条件获得不同牌号（主要是不同的相对分子质量大小及分布）的产品，常采用以下几种方法。

❖使用相对分子质量调节剂。在聚合过程中，链转移反应可以降低产物的相对分子质量，因此，实际生产中可添加适量的链转移剂（相对分子质量调节剂），将产品平均相对分子质量控制在一定范围内。如生产聚丙烯树脂时用氢气作为相对分子质量调节剂以控制产品牌号。

❖改变反应条件。聚合反应过程中的温度、压力不仅影响聚合反应总速率，对链增长、链终止及链转移的反应速率也都有不同程度的影响，因此，反应条件的改变会改变产品平均相对分子质量。工业上最典型的是利用反应温度来得到不同牌号的聚氯乙烯树脂。

❖ 改变稳定剂、防老剂等添加剂的种类。在生产中，某些品种的合成树脂与合成橡胶的牌号因所用稳定剂或防老剂的不同而改变，可根据用途选择。

（4）产物分离过程。主要包括脱除未反应的单体、溶剂、引发剂（催化剂）、低聚物等过程。聚合反应后所得物料多数不是单纯的聚合物，往往还含有未反应的单体、反应用的介质水和溶剂、残留的引发剂（催化剂）及其他未参加反应的助剂等。为提高高聚物产品纯度、回收未反应的单体及溶剂、降低生产成本、减少环境污染，对聚合后的物料必须进行分离，分离方法主要与工业实施方法及所得高聚物的形态有关。

（5）回收过程。主要包括未反应单体和溶剂的回收与精制过程。生产中主要是回收溶液聚合方法中使用的有机溶剂，并进行精制，然后循环使用。在生产中，通常采用离心过滤与精馏等单元操作进行回收。

（6）产品后处理过程。主要包括聚合物的输送、干燥、造粒、均匀化、贮存、包装等过程。经前期分离过程制得的固体高聚物含有一定的水分和未脱除的少量溶剂，必须经过干燥脱除才能得到干燥的合成树脂或合成橡胶。不同产品及不同生产工艺的后处理过程有所不同。合成树脂的后处理工艺示意图如图 1-7 所示。

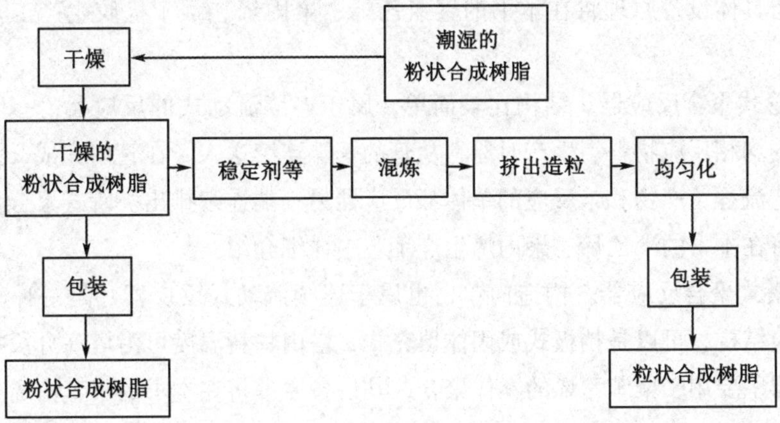

图 1-7　合成树脂的后处理工艺示意图

此外，还有与生产厂家有关的“三废”处理和公用工程（如供电、供气、供水等项目）。

2. 聚合反应操作方式

高聚物生产中的聚合反应有间歇聚合和连续聚合两种操作方式。

（1）间歇聚合操作。是指聚合物在反应器中是分批生产的，也就是将聚合反应用的单体、引发剂（催化剂）等原料及其他物料一起加入聚合反应器中，通过控制反应温度、压力等条件使它们发生聚合反应，达到一定转化率及产品质量指标后，将聚合产物从反应器中全部卸出。可见，每一次生产过程完成后需要重新进料、反应、卸料，不仅劳动强度高、生产效率低，而且每一批产品的牌号也很难保持一致。但是这种操作方式灵活性大、适用于小批量生产，也很容易改变产品品种及牌号。目前，悬浮聚合方法生产高分子合成产品仍采用间歇聚合操作方式。

（2）连续聚合操作。是指将聚合反应用的单体、引发剂（催化剂）等所有原料及其他物料连续加入聚合反应器中，得到的聚合产物连续不断地流出聚合反应器，很容易采用自动化控制，产品质量稳定。目前，工业上大多数产品都采用连续聚合操作方式。

3. 聚合反应设备

在聚合物生产中，聚合反应工艺是最关键的过程，其设备是整个生产过程的核心。聚合反应设备种类很多，通常按照结构分为釜式、管式、塔式、流化床及其他特殊结构形式的聚合反应器。

（1）釜式聚合反应器。也称为搅拌釜反应器，简称反应釜，分为有搅拌釜式聚合反应器和无搅拌釜式聚合反应器两种。这类反应器的适应性强、操作弹性较大、适用的压力和温度较宽，既可用于间歇操作，也可用于连续操作，并且釜内的温度和浓度均一，生产上容易控制，所得的产品质量均一，因而应用最广泛。一般情况下，聚氯乙烯、乳液丁苯、溶液丁苯、乙丙橡胶、顺丁橡胶等聚合物的合成均用釜式反应器。釜式聚合反应器具体设备原理将在本书的聚氯乙烯、聚丙烯、顺丁橡胶生产工艺中详细介绍。

（2）管式聚合反应器。结构比较简单，属于连续流动式的反应器，一般用于处理黏度较高的均相反应物料。生产时原料从管的一端连续送入，在管内完成升温、加压及反应等工艺流程，产物和未反应的单体从反应器另一端连续排出。管式聚合反应器具体设备原理将在本书的聚乙烯、聚丙烯生产工艺中详细介绍。

（3）塔式聚合反应器。构造简单，也属于连续流动式反应器，是一种直径比较大的垂直圆筒结构，可以是挡板式或固体填充式，塔内物料温度可沿塔高分段控制。塔式聚合反应器主要用于聚苯乙烯的本体聚合，其设备原理将在本书的聚苯乙烯生产工艺中详细介绍。

（4）流化床聚合反应器。是一种垂直圆筒形或圆锥形容器，内装引发剂，生产时原料从反应器底部进入，产物从顶部引出。这类反应器传热效果好，温度均匀且易控制，但单体转化率较低。由于流程简单，使用日趋普遍，其具体设备原理将在本书的聚乙烯生产工艺中详细介绍。

（5）其他特殊结构形式聚合反应器。处理高黏度的聚合体系需要采用特殊结构形式的聚合反应器，如缩聚反应后期使用的卧式聚合反应器。这类聚合反应器的具体设备原理将在本书的聚酯生产工艺中详细介绍。

四、高聚物合成生产岗位的主要工作任务

通过对高聚物合成生产企业进行调研，针对高聚物生产典型工艺过程，总结、分析、归纳出在高聚物合成产品的生产中对岗位任务、岗位能力、岗位知识及岗位素质的要求，具体如表1-2所列。

表1-2　高聚物合成岗位任务描述

岗位名称	岗位任务描述	岗位能力描述	岗位知识描述	岗位素质描述
聚合单体岗位	聚合单体准备、精制、贮运、质检、投入及设备维护保养	能对单体进行选择、精制、贮存；能解读工艺流程，并按规程实施；能识别单体质量；能按配方计量、投入；能进行简单维护保养	单体来源、分类、性质、贮存，精制、计量、输送、控制原理与方法，静、动设备保养	经济意识，安全意识，环保意识，团队意识，整体运作意识
引发剂（催化剂）等岗位	引发剂（催化剂）的精制与配制；各辅助物料的精制与配制；各种计量输送；配制设备的维护保养	能对引发剂（催化剂）和辅助物料进行选择、贮存、精制、配制；能解读工艺流程，并按规程实施；能进行各种计量输送；能按配方计量、投入；能进行简单维护保养	引发剂（催化剂）的选择、分类、性质、贮存，精制、计量、输送、控制的原理与方法，配方的计算方法，静、动设备保养	经济意识，安全意识，环保意识，团队意识，整体运作意识
聚合反应岗位	实施聚合并获得合格产品，按规程平稳操作，合理控制工艺条件，“三率”达标，聚合设备进行维护与保养	能解读工艺流程，并按规程实施；能判断聚合现象并调节聚合条件；能正确使用聚合设备及仪表；能判别常见问题，并能及时处理；能对聚合设备进行简单维护与保养	聚合机理，实施方法，影响因素分析，DCS控制系统，操作优化方法，静、动设备保养维修	经济意识，安全意识，环保意识，团队意识，关键意识，整体运作意识

表1-2(续)

岗位名称	岗位任务描述	岗位能力描述	岗位知识描述	岗位素质描述
产物分离岗位	对含有聚合物的混合物进行分离	能针对混合物组成的不同，按分离方案进行分离实施；能解读分离规程；能操作分离设备；能控制分离指标；能维护保养分离设备	分离方案选择，分离原理与设备，分离控制原理，操作规程，静、动设备保养	经济意识，安全意识，环保意识，团队意识，整体运作意识
后处理岗位	聚合产物的提纯处理	能解读提纯操作规程，能实施提纯操作，能控制提纯工艺条件，能对产物均匀化处理，能处理常见问题，能维护保养提纯设备	提纯原理，干燥原理，机械分离，挤出造粒，均匀化处理，静、动设备保养	经济意识，安全意识，环保意识，团队意识，整体运作意识
成品岗位	产品计量、抽检、包装、入库、登记、销售、付货	能使用计量、包装设备，能按规程实施计量与包装，能按规定登记、入库、付货，能进行贮存时的检查管理，能维护保养设备	物流管理，安全管理，ERP 系统，经济管理，营销管理	经济意识，安全意识，环保意识，团队意识，整体运作意识
回收岗位	按规程平稳操作，回收工艺条件控制，回收原料的再利用，回收设备维护保养	能解读回收规程，能进行回收设备操作，能控制回收工艺条件，能使用回收用电器、仪表，能处理常见回收问题，能进行简单维护保养	回收原理，控制方法，质量控制，节能减排，静、动设备保养	经济意识，安全意识，环保意识，团队意识，整体运作意识

合成高聚物的生产过程不同于其他化工生产，主要具有以下几个特点。

① 要求单体具有双键和有活性的官能团，分子中含碳碳双键及两个或两个以上的官能团。通过分子中双键或活性官能团，生成高聚物。

② 由低分子单体生成高聚物的相对分子质量是多分散性的，相对分子质量的分布不同，产品的性能差别很大，影响相对分子质量的工艺因素较多。

③ 生产过程中聚合或缩聚反应的热力学和动力学不同于一般有机反应，直接影响相对分子质量及其分布、大分子微观结构和单体转化率。

④ 生产的高聚物品种多，有固体、液体等。不同品种高聚物的生产工艺流程差别

很大。

⑤ 聚合反应体系中物料有均相反应和非均相反应，反应过程中有相态变化。

任务三　聚合反应的工业实施方法

高聚物的合成需要通过一定的生产工艺过程才能实现，但不同的反应机理采用不同的工业实施方法才能得到人们所需要的合成产品，有时即使是同一种单体，属于同类型的聚合反应机理，若选择不同的生产工艺过程，其操作条件、聚合设备及产品性能也会有较大差异，其合成产品的用途也不尽相同。

一、适用于连锁聚合反应的工业实施方法

适用于连锁聚合反应的工业实施方法主要有本体聚合、溶液聚合、悬浮聚合和乳液聚合等。对于这四种方法，自由基型聚合反应可任意选择，而阳离子、阴离子及配位型聚合反应则因引发剂的活性很容易被水破坏，只能实施本体聚合和溶液聚合的方法。

1. 本体聚合

本体聚合是指只有单体加引发剂（有时也不加）或在光、热、辐射的作用下实施聚合反应的一种方法。本体聚合体系的基本组成为单体和引发剂。在实际工业生产中，有时为改进产品的性能或满足成型加工的需要，也加入增塑剂、抗氧剂、紫外线吸收剂和色料等助剂。

根据单体在聚合时的状态不同，本体聚合可分为气相本体聚合、液相本体聚合和固相本体聚合，其中以液相本体聚合应用最为广泛。目前，本体聚合主要用于合成树脂的生产，典型的产品有聚乙烯、聚丙烯、聚苯乙烯及聚甲基丙烯酸甲酯等。

本体聚合是四种方法中最简单的一种方法。其主要特点是聚合反应中无其他介质，工艺过程比较简单，产品杂质少、纯度高，生产能力大，可实现连续化生产；无反应介质，产物纯净，适合制造透明性好的板材和型材；后处理过程简单，可以省去复杂的分离、回收等操作过程，是一种经济的聚合方法。但反应的聚合热较大，容易引起局部过热，致使产品产生气泡、变色，甚至引起爆聚。因此，在实施本体聚合时首先要考虑如何将聚合热移出。工业上常用的解决措施是对单体进行分阶段聚合，即先在聚合釜中进行预聚合，控制转化率为10%~40%，然后在模具中进行薄层聚合或减慢聚合速率，同时加强冷却。另外，还必须考虑聚合产物的出料问题，如果控制不好出料方式，不仅会影响产品质量，还会造成生产事故。可根据产品特性，选择采用浇铸脱模制板材、熔融体挤出造粒，粉料出料等方式。

2. 溶液聚合

溶液聚合是指将单体和引发剂溶解于适当溶剂中进行聚合反应的一种方法。溶液聚

合体系的基本组成为单体、引发剂和溶剂，也可加入适当的助剂。

根据单体、聚合物与溶剂的互溶情况，可将溶液聚合分为均相聚合和非均相聚合（沉淀聚合）两类。均相聚合是指单体和生成的聚合物都溶于溶剂，非均相聚合是指生成的聚合物不溶于溶剂。工业上，溶液聚合多用于聚合物溶液直接使用的场合，如涂料、黏合剂、合成纤维纺丝液、浸渍剂等的制备。典型的产品有聚丙烯腈、聚醋酸乙烯酯、顺丁橡胶、异戊橡胶及乙丙橡胶等。

溶液聚合的主要特点是溶剂作为传热介质，使聚合反应热容易被移出，聚合温度容易被控制，体系中聚合物浓度较低，不易发生活性链向大分子链的转移而生成支化或交联产物；反应后的产物可以直接使用。但由于单体被溶剂稀释而浓度变小、聚合速度变慢、转化率变低，故易发生单体向溶剂转移而导致聚合产物相对分子质量不高的情况。此外，溶剂回收使回收工艺变得烦琐。

溶液聚合所用的溶剂主要是水和有机溶剂。工业上主要根据单体的溶解情况及生产高聚物溶液的用途来选择合适的溶剂，同时要考虑溶剂极性、链转移大小、对引发剂（催化剂）分解速率等方面的影响，此外，还要考虑溶剂的毒性、安全性和生产成本等。

一般情况下，自由基型聚合反应选择芳烃、烷烃、醇类、醚类、胺类和水作为溶剂，离子型与配位溶液聚合选择烷烃、芳烃、二氧六环、四氢呋喃、二甲基甲酰胺等非质子性有机溶剂。

3. 悬浮聚合

悬浮聚合是指将不溶于水、溶于引发剂的单体在强烈机械搅拌和分散剂的作用下，以小液滴状态悬浮于水中而完成聚合反应的一种方法。悬浮聚合体系的基本组成为单体、引发剂、水和分散剂，必要时可加入润滑剂、防黏釜剂等助剂。

目前，悬浮聚合主要用于合成树脂的生产，如聚氯乙烯树脂、聚苯乙烯树脂、可发性聚苯乙烯珠粒、苯乙烯-丙烯腈共聚物、聚甲基丙烯酸甲酯均聚物及共聚物等。

悬浮聚合的主要特点是以水作为分散介质，其工艺过程简单、生产成本较低、温度较易控制，聚合物易于分离、洗涤、干燥，产品纯度较高，可直接应用于成型加工，适于大规模工业生产。但目前只能采用间歇分批生产，连续化生产尚处于研究之中。

（1）悬浮聚合体系中各组分的作用。

① 单体。悬浮聚合中的单体应为液体，应不溶于水或溶解度很低，对水稳定而不发生水解反应。常压下为气体的单体（如氯乙烯）应通过加压液化后加入反应器。

② 引发剂。悬浮聚合应采用油溶性引发剂，偶氮类及有机过氧化物类的引发剂均可使用，也可两种复合使用（即两种引发剂混合使用）。可依据单体性质和工艺条件的不同来选择合适的引发剂。引发剂的种类和用量对聚合反应速率、聚合转化率、产物相对分子质量均有影响。

③ 水。悬浮聚合用水必须是去离子水，水中杂质（主要是金属离子）的存在会影响产品外观质量和性能，也会对聚合产生阻聚作用而降低聚合速率。水的作用是维持单体或聚合物粒子呈稳定的悬浮状态，同时也能作为传热介质将聚合热及时传递出去。

④ 分散剂。主要作用是帮助单体分散成液滴，在液滴表面形成保护膜，防止聚合早期液滴或中后期粒子的聚并，使单体能均匀分散于水相中并始终保持稳定的分散状态，直至完成聚合反应。按照化学性质，可将悬浮聚合用分散剂分为水溶性高分子化合物和非水溶性无机固体粉末两大类。为了取得最佳效果，可同时使用上述两种类型的分散剂。

❖水溶性高分子化合物包括天然高分子化合物和合成高分子化合物两类，都是一些非离子性表面活性极弱的物质，常用的有明胶、淀粉、纤维素醚类（甲基纤维素、羟乙基纤维素等）、聚乙烯醇（polyvinyl alcohol，PVA）、聚丙烯酸等。水溶性高分子化合物溶于水的部分分散于水相中，另一部分被吸附和聚集在单体液滴表面并形成液膜保护层。

❖非水溶性无机固体粉末分散剂主要有碳酸镁、碳酸钙和滑石粉等。它们的作用机理是细粉末吸附在液滴表面，防止液滴相互碰撞和聚集，起机械隔离作用。粉末的尺寸越细，分散在水中的密度就越大，液滴的尺寸也就越小。

有时为了控制产物的相对分子质量，在悬浮体系中，除单体和引发剂外，也可在单体相中加入少量的相对分子质量调节剂、稳定剂、颜料等助剂，或在水相中加入水相阻聚剂等。

（2）悬浮聚合的机理。悬浮聚合的场所是在单体液滴内，而每个小液滴内只有单体和引发剂。因此，其机理与本体聚合相似，即在每个小液滴内实施本体聚合。

① 单体液滴的形成过程。将溶有引发剂的油状单体倒入由水和分散剂形成的水相中，单体相将浮于水相上层。进行机械搅拌时，由于剪切力的作用，单体液层先被拉成细条形，然后分散成单体液滴。在一定的搅拌强度和分散剂作用下，大小不等的液滴通过一系列的分散和结合过程构成一定的动平衡，最后得到大小均匀的粒子。

② 聚合物粒子的形成过程。根据聚合物在单体中的溶解情况，悬浮聚合可分为均相聚合（珠状聚合）和非均相聚合（粉状聚合）两种，其成粒机理是不同的。

❖珠状粒子的形成。甲基丙烯酸甲酯和苯乙烯的均聚体系是典型的珠状悬浮聚合，成粒过程可分为以下三个阶段。

聚合初期：单体在机械搅拌和分散剂的作用下形成直径为0.5~5.0 mm的小液滴。在适当的温度下，引发剂分解产生初级自由基，引发单体在小液滴内聚合。

聚合中期：聚合物能溶于单体中，使液滴保持均相。随着聚合物的增多，透明液滴的黏度逐渐增大，体积开始减小，存在易黏结成块的危险。当转化率达到50%以上时，聚合物的增多使液滴变得更黏稠，聚合反应速率和放热量达到最大，此时若散热不良，液滴内会有微小气泡生成；当转化率达到70%以后，聚合速率开始下降，单体浓度逐渐减小，液滴内大分子越来越多，液滴黏性减小，弹性相对增加。

聚合后期：转化率达80%以上时，单体显著减少，液滴内大分子链间越来越充实，弹性逐渐消失而变硬。这时适当提高温度使残余单体进一步聚合，完成由液相转变为固相的全部过程，最终形成均匀、坚硬、透明的高聚物球状粒子。

珠状粒子的形成过程示意图如图 1-8 所示。

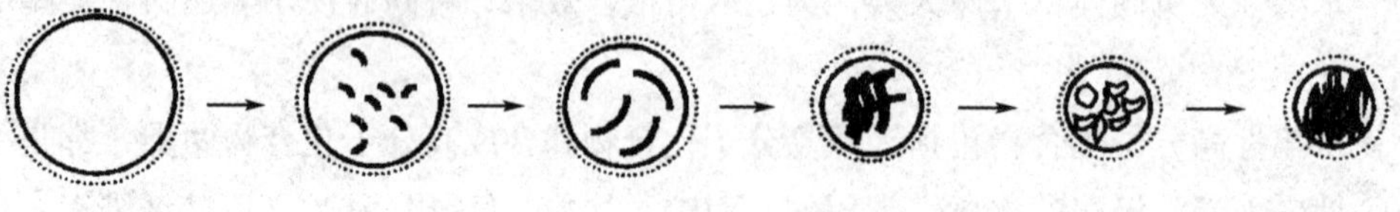

图 1-8　珠状粒子的形成过程示意图

❖粉状粒子的形成。聚氯乙烯均聚体系是典型的粉状悬浮聚合，其形成过程分为以下五个阶段。

第一阶段：转化率低于 0.1%，在搅拌和分散剂作用下，形成 0.05~0.30 mm 的微小液滴。当单体聚合形成约 10 个以上高分子链时，高分子链就从液滴单体相中沉淀出来。

第二阶段：转化率为 0.1%~1.0%，是粒子形成阶段。沉淀出来的高分子链合并形成 0.1~0.6 μm 的初级粒子，液滴逐渐由单体液相转变为由单体液相和高聚物固相组成的非均相体系。

第三阶段：转化率为 1%~70%，是粒子生长阶段。液滴内初级粒子逐渐增多，合并成次级粒子，次级粒子又相互凝结形成一定的颗粒骨架。

第四阶段：转化率为 70%~85%，溶胀高聚物的单体继续聚合，粒子由疏松变得结实而不透明。生产上通常控制在转化率达 85%时结束，再回收残余单体。

第五阶段：转化率为 85%以上，直至残余单体聚合完毕，最终形成坚实而不透明的高聚物粉状粒子。

4. 乳液聚合

乳液聚合是指单体和引发剂在水介质中由乳化剂分散成乳液状态而完成聚合反应的一种方法。乳液聚合体系的基本组成为单体、引发剂、水和乳化剂，也可加入适当的助剂。

乳液聚合的发展首先得益于天然橡胶的发现及应用。乳液聚合适用于多种合成树脂和合成橡胶的生产，如聚氯乙烯及其共聚物、聚乙酸乙烯酯及其共聚物、聚丙烯酸酯类共聚物、丁苯橡胶、丁腈橡胶、氯丁橡胶等。

乳液聚合的主要特点是以水作反应介质，环保安全；聚合速率快，产物相对分子质量高；反应体系黏度低，反应热易移出；胶乳可直接用作水乳漆、黏结剂等；但需要固体产品时，后处理工序多，成本较高；产品中往往留有乳化剂杂质，难以完全除净，影响性能。

（1）乳液聚合体系中各组分的作用。

① 单体。能够进行乳液聚合的单体很多，应用较广泛的是乙烯基单体。单体必须具备三个条件：一是可以增溶溶解但不能全部溶解于乳化剂水溶液中；二是可在发生增溶溶解作用的温度下进行聚合反应；三是与水或乳化剂无任何活化作用。

② 引发剂。乳液聚合采用水溶性引发剂，常用的是无机过氧化物或氧化-还原引发体系。可依据单体性质和工艺条件的不同来选择合适的引发剂，引发剂的种类和用量对聚合反应速率、聚合转化率、产物相对分子质量均有影响。

③ 水。乳液聚合用水必须是去离子水，水中杂质的存在会影响产品性能。水的作用是分散介质，以保证胶乳有良好的稳定性。

④ 乳化剂。它也称表面活性剂。乳化剂分子总是同时含有亲水基团和亲油基团。按照亲水基团的性质，乳化剂可分为阴离子型乳化剂、阳离子型乳化剂、非离子型乳化剂和两性乳化剂。工业中常用阴离子乳化剂或阴离子乳化剂与非离子型乳化剂的混合乳化剂。

除单体和引发剂外，乳液聚合体系中也可加入少量的相对分子质量调节剂、稳定剂、颜料、防老剂等助剂。

（2）乳液聚合的聚合机理。

向去离子水中加入乳化剂将形成乳化剂水溶液，当乳化剂浓度较低时，乳化剂以分子状态溶解于水中，浓度达到一定值后，乳化剂分子开始由 50~150 个聚集在一起形成球状、层状或棒状的胶束，其模型如图 1-9 所示。能够形成胶束的最低乳化剂浓度称为临界胶束浓度，简称 CMC。对一定的乳化剂而言，在一定温度下，CMC 为一定值。显然，CMC 值越小，乳化剂的乳化能力越强。

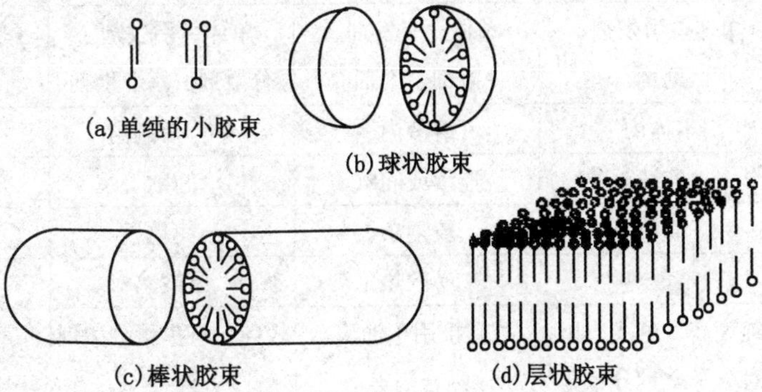

图 1-9　各种胶束形状模型

通常，单体在水中的溶解度很小，当加入一定量的单体后，在搅拌作用下，单体被分散成单体液滴，其大小取决于单体及乳化剂的种类和数量，会有少量自由单体溶于水中，还有一部分单体被吸收到胶束内部，这种含有单体的胶束称为增溶胶束。

当水溶性引发剂加入上述体系后，在一定温度下，引发剂分子在水相中分解产生初级自由基，由于溶解于水相中的自由单体和单体液滴与增溶胶束相比数量少得多，相差至少 10^4 倍，自由基会由水相扩散到增溶胶束中引发聚合，生成聚合物链，这时的增溶胶束称为乳胶粒。因此，乳液聚合并没有发生在单体液滴内，增溶胶束才是乳液聚合的场所。胶束、增溶胶束及乳胶粒示意图如图 1-10 所示。

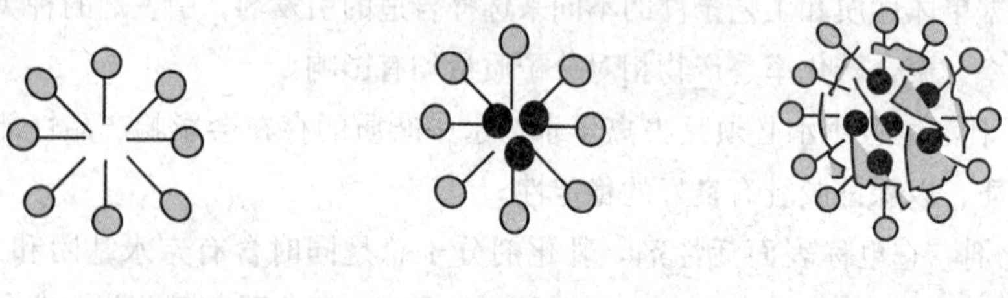

（a）胶束　　（b）增溶胶束　　（c）乳胶粒

图 1-10　胶束、增溶胶束及乳胶粒示意图

随着聚合反应的进行，乳胶粒中单体的数量不断减少。这时，单体液滴会作为单体的“仓库”，单体将源源不断地由单体液滴通过水相扩散到乳胶粒中，使聚合反应不断进行，直至单体液滴消失为止。

5. 连锁聚合反应工业实施方法的比较

实际生产中选择哪一种方法聚合将由单体的性质和聚合产物的用途来决定。现将聚合反应的工业实施方法进行归纳、比较，如表 1-3 所列。

表 1-3　聚合反应的工业实施方法比较

比较项目	工业实施方法			
	本体聚合	溶液聚合	悬浮聚合	乳液聚合
配方主要成分	单体、引发剂、助剂	单体、引发剂、溶剂、助剂	单体、引发剂、分散剂、水、助剂	单体、引发剂、乳化剂、水、助剂
聚合场所	本体内	溶液内	单体液滴内	增溶胶束内
主要操作方式	连续	连续或间歇	间歇	连续或间歇
工业复杂程度	简单	较复杂	简单	复杂
生产特点	难散热	易散热	易散热	易散热
产物特征	纯度高、色浅、相对分子质量分布宽	可直接用于油漆、黏合剂等	较纯，有少量分散剂残存	可直接使用，有少量乳化剂残存
主要控制条件	反应热、产物出料	溶剂性质、转移反应	分散剂种类、用量及搅拌速度	乳化剂种类、用量、搅拌速度、含固量

表1-3（续）

比较项目	工业实施方法			
	本体聚合	溶液聚合	悬浮聚合	乳液聚合
典型工业实例	LDPE，LLDPE，PP，PMMA，PS等	PP、HDPE、LLDPE、PVA、顺丁橡胶、异戊橡胶等	PVC，PMMA，PS等	PVA、丁苯橡胶、丁腈橡胶等

二、适用于逐步聚合反应的工业实施方法

逐步聚合反应的工业实施方法为熔融缩聚、溶液缩聚、界面缩聚、固相缩聚和乳液缩聚等。熔融缩聚的本质类似于本体聚合；溶液缩聚与溶液聚合基本相同；其他三种主要用于特种高分子的合成，属特殊聚合。这里只介绍实际工业生产中常用的熔融缩聚和溶液缩聚。

1. 熔融缩聚

熔融缩聚是指在没有溶剂的情况下，使反应温度高于单体和缩聚物的熔融温度（一般比熔点高10~25 ℃），体系始终保持在熔融状态下进行缩聚反应的一种方法。体系中可加入少量催化剂、适当的稳定剂及相对分子质量调节剂等。

熔融缩聚是工业生产线型缩聚物的最主要方法，如聚酯、聚酰胺、聚碳酸酯等。

熔融缩聚的主要特点是工艺流程比较简单，产物后处理容易，产品纯净，可连续生产。但对设备要求较高，过程工艺参数指标高（即高温、高压、高真空、长时间）。

2. 溶液缩聚

溶液缩聚是指当单体或缩聚产物在熔融温度下不够稳定、易分解变质时，为了降低反应温度，使单体溶解在合适的溶剂中进行缩聚反应的一种方法。

溶液缩聚的应用规模仅次于熔融缩聚，适用于熔点过高、易分解的单体缩聚过程。其主要用于生产特殊结构和性能的缩聚物，如难熔融的耐热聚合物聚砜、聚酰亚胺、聚苯硫醚、聚芳香酰胺等。

溶液缩聚与熔融缩聚相比聚合反应缓和、平稳，不需要高真空，制得的聚合物溶液可直接作为清漆或成膜材料使用，也可作为纺丝液；但要考虑溶剂回收，后处理会变得比较复杂。

学习情境二　碳链高聚物的合成技术

任务一　有机玻璃棒材和板材的生产

【知识目标】

（1）掌握甲基丙烯酸甲酯聚合的反应机理。
（2）掌握甲基丙烯酸甲酯聚合引发剂的选择原则。
（3）掌握生产有机玻璃的主要原料及作用。
（4）掌握有机玻璃的生产工艺及事故处理方法。

【能力目标】

能熟练完成有机玻璃的生产。

聚甲基丙烯酸甲酯（polymethyl methacrylate，PMMA）俗称有机玻璃，是通过甲基丙烯酸甲酯（MMA）的本体聚合制备的，是迄今为止合成透明材料中质地最优的品种，是重要的光学塑料，具有优异的光学性能和良好的综合性能，在工业上应用广泛。有机玻璃生产原料及产品示意图如图 2-1 所示。

有机玻璃棒　　生产原料　　有机玻璃板

图 2-1　有机玻璃生产原料及产品示意图

【任务介绍】

以甲基丙烯酸甲酯为原料，选择合适的引发剂、其他试剂及生产设备，确定配料比。在给定的时间内，生产出有机玻璃棒材或板材。

产品质量要求：无色透明、表面光滑、内无气泡与杂质。

【任务分析】

甲基丙烯酸甲酯的聚合遵循自由基型聚合反应机理。通常，依据产品的用途可以选择本体聚合、溶液聚合、悬浮聚合和乳液聚合四种工业实施方法来生产产品，本任务是生产有机玻璃的棒材与板材，应选择本体聚合来实现。

【相关知识】

一、有机玻璃的产品

有机玻璃是聚甲基丙烯酸甲酯均聚物或共聚物的片状物，也称为亚克力，是目前塑料中透明性最好的品种。有机玻璃产品如图 2-2 所示。

彩色有机玻璃棒　　有机玻璃尺　　有机玻璃板　　有机玻璃架

图 2-2　有机玻璃产品

二、有机玻璃的性能及用途

1. 有机玻璃性能

有机玻璃是高度透明的热塑性高分子材料，透光率高，有“塑胶水晶”的美誉，可透过 92%以上的太阳光、73.5%的紫外线，折光指数为 1.49。其质地较轻，相对密度为 1.18~1.20，不到无机玻璃的一半，但抗碎裂能力是无机玻璃的几倍，透光率比无机玻璃高 10%，力学性能和韧性是无机玻璃的 10 倍以上。有机玻璃还具有如下性能：优良的耐候性、电绝缘性能；易于染色；分解温度高于 200 ℃，长期使用温度通常低于 80 ℃；化学稳定性较好，耐碱、稀酸、水溶性无机盐及长链烷烃和油脂等化学品，可溶于芳烃（如苯、甲苯、二甲苯等）、氯代烃（如四氯化碳、氯仿等）、丙酮等有机溶剂。

2. 有机玻璃的用途

有机玻璃可应用于许多领域中，其主要用途如表 2-1 所列。

表 2-1　有机玻璃的主要用途

应用领域	应用实例	应用领域	应用实例
航空	飞机用座舱罩、风挡和舷窗等	医学	婴儿保育箱、人工角膜、各种手术医疗器具、假牙等
建筑	大型建筑的天窗、天棚、橱窗、隔音门窗、采光罩、电话亭等	工业	仪器表面板及护盖等
光学	仪表防护罩、光学镜片（眼镜、放大镜、透镜、望远镜、照相机）等	照明	日光灯、吊灯、街灯罩等
交通	车辆门窗、风挡、汽车尾灯灯罩等	日常	卫浴设施、工艺品、各种纽扣、发夹、儿童玩具、笔杆、绘图仪器等
广告	灯箱、招牌、指示牌、展架等	家居	果盘、纸巾盒、亚克力艺术画等

三、有机玻璃的生产工艺

1. 单体的性质及来源

纯净的甲基丙烯酸甲酯是无色、透明、易挥发的液体；低毒性；有特殊酯类气味；微溶于水，稍溶于乙醇和乙醚，易溶于芳香族的烃类、酮类及氯化烃等有机溶剂。甲基丙烯酸甲酯分子结构中含有不饱和双键，结构不对称，易发生聚合反应。酯基可以发生水解、醇解、胺解等反应，也能与其他单体发生共聚反应。

目前，生产甲基丙烯酸甲酯的主要方法有丙酮氰醇法、叔丁醇直接氧化法、乙烯羰基化法、新型铂催化法等。

2. 生产原理

甲基丙烯酸甲酯的本体聚合按自由基型聚合反应进行。聚合反应式如下：

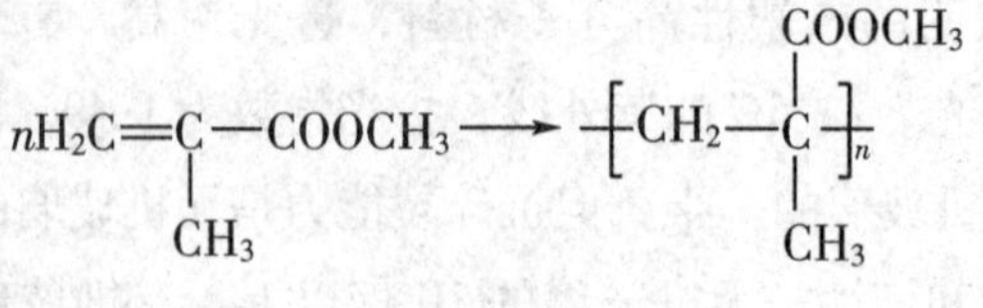

3. 有机玻璃的生产特点

在利用本体聚合生产有机玻璃时，关键是如何控制甲基丙烯酸甲酯聚合过程中的凝胶效应、爆聚及聚合过程中体积收缩率大等问题。

（1）凝胶效应。聚合过程中，当单体转化率为 20%左右时，体系黏度会明显增大，增长的活性链活动受阻。这时，对单体的扩散速率无影响，链增长速率也将正常增加，但链终止速率却降低。因此，聚合物的相对分子质量会显著加大，聚合反应速率会明显增加，出现了自加速效应，以致发生局部过热，甚至产生爆聚。因此，在聚合过程中必须严格控制升温速度，掌握自加速效应发生的规律。

（2）爆聚。在聚合过程中，当反应物逐渐增稠而变成胶质状态后，热的对流作用受到限制，使反应体系积蓄大量的热，局部温度上升，导致聚合速率加快，以致产生大量的热量。这种恶性循环的结果是先在局部，然后扩大至全部达到沸腾状态，最后产生爆聚现象。若爆聚发生在密闭容器中，可能会产生很大的压力，导致容器炸裂，引发生产事故。

（3）聚合过程中体积收缩率大。在甲基丙烯酸甲酯转化成高聚物的反应过程中，反应物的体积有着明显的收缩。甲基丙烯酸甲酯单体的密度为 0.948 g/cm^3，聚合物密度为 1.180 g/cm^3，因此，发生聚合后，收缩率会超过单体原来体积的 1/5，会导致产品表面有缺陷。

4. 有机玻璃的生产工序

工业上用本体法生产有机玻璃时，按照加热方式不同，可分为水浴法和空气浴法，两种方法也可结合使用。水浴法一般用于生产民用产品，空气浴法大多用于生产对力学性能要求高、抗银纹性好的工业产品及航空用有机玻璃。按照单体是否预灌模，又可分为单体灌模法和单体预聚成浆液后灌模。有机玻璃的棒材和板材的生产通常采用单体预聚成浆液后灌模的方法，有机玻璃板材的生产工序示意图如图 2-3 所示。

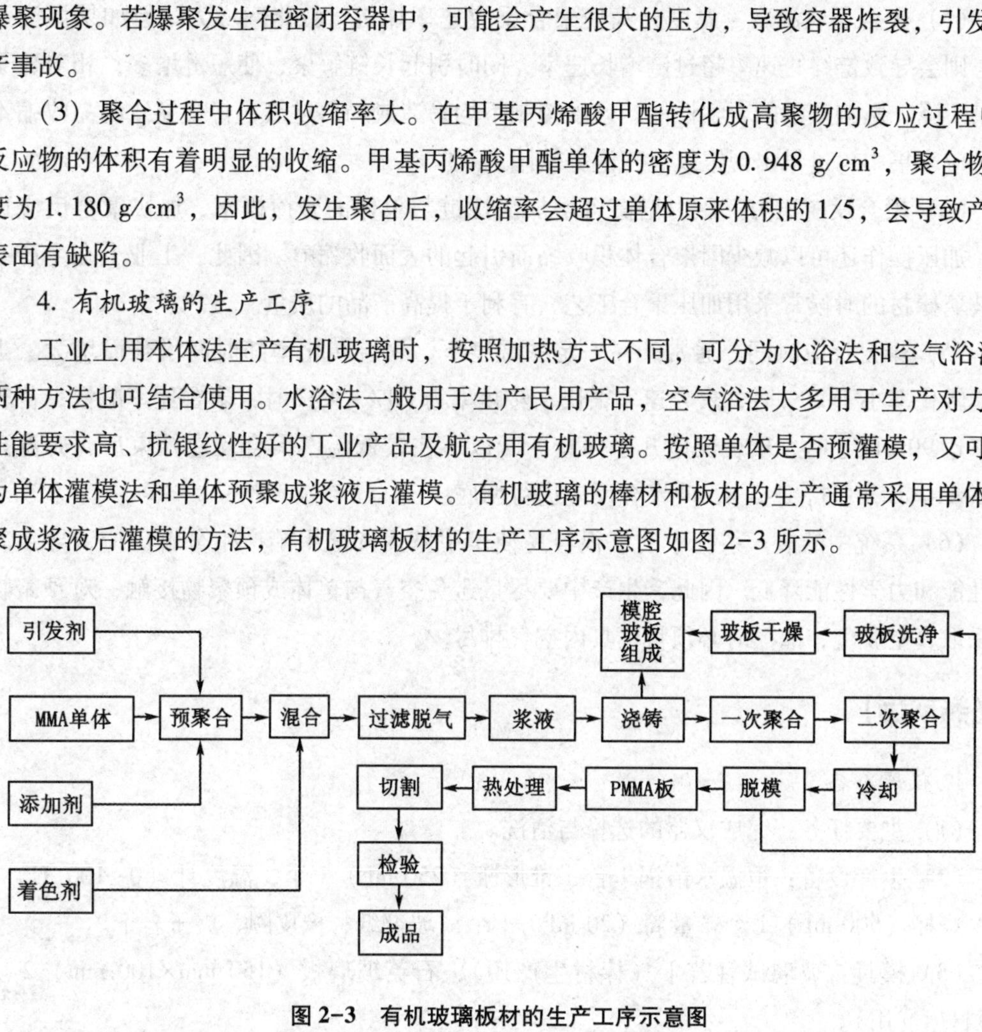

图 2-3　有机玻璃板材的生产工序示意图

5. 有机玻璃生产控制因素

本体聚合由于反应的聚合热较大，很容易引起局部过热，致使产品产生气泡、变色，甚至引起爆聚。因此，在生产过程中，要注意单体的纯度，引发剂的性质，聚合反应的温度、压力、反应时间及系统中的氧等因素的影响。

（1）单体的纯度。若单体中含有甲醇、水、阻聚剂等，将影响聚合反应速率，造成有机玻璃局部密度不均或带微小气泡和皱纹等，甚至对有机玻璃的光学性能、热性能及力学性能造成不良影响。聚合前，可用洗涤法、蒸馏法或离子交换去除单体中的阻聚剂。若杂质中含有少量甲基丙烯酸，虽容易粘模，但可消除收缩痕。

（2）引发剂的性质。有机玻璃的生产可选择有机过氧化物或偶氮类化合物做引发剂，但其用量对产物相对分子质量影响较大，通常为单体量的0.8%~1.0%（质量分数）。此外，有机过氧化物是强氧化剂，对某些染料有氧化作用，会给有机玻璃染色带来困难，在配料时应对此给予注意。

（3）聚合反应温度。温度升高使聚合反应速率加快，转化率增大。但如果温度过高，则会导致链终止速率超过链增长速率，同时引起长链解聚，使短链增多，相对分子质量下降，影响产品的力学性能。温度控制不均易造成局部过热，将会导致制品收缩不均、应力集中，过早出现银纹、气泡等缺陷。

（4）聚合反应压力。压力增高可增加活性链与单体的碰撞概率，加快聚合反应速率。加压操作还可以减少因聚合体积收缩而引起的表面收缩痕。因此，工业上在生产有机玻璃棒材的时候常采用加压聚合工艺，有利于提高产品的质量。

（5）聚合反应时间。通常，在一定的温度下，聚合转化率随时间增长而增大。当单体转化率小于20%时，聚合速率很快；转化率为20%~45%时，聚合速率减慢；待转化率达90%以上时，聚合反应几乎停止。所以，在较低温度聚合反应结束后，升温至100~110 ℃，保持1~3 h，使聚合反应进行彻底。

（6）系统中的氧。系统中的氧很容易使聚甲基丙烯酸甲酯产生分解反应，导致其热性能和力学性能降低。因此，生产中要尽量避免空气与单体或预聚物接触，对预聚物要采取真空脱气，灌模时必须将模具内空气排尽。

【任务实施】

1. 仪器准备

（1）主要任务：完成仪器的选择与清洗。

（2）生产设备：恒温水浴锅1台，锥形瓶（250 mL）1个，温度计（0~100 ℃）1支，烧杯（500 mL）1个，量筒（20 mL）1个，玻璃纸、橡皮圈、夹子若干。

（3）模具：玻璃试管若干（棒材生产用），石英玻璃板（150 mm×100 mm）2块（板材生产用）。

（4）公用设备：烘箱、天平。

2. 制模

（1）主要任务：制备生产棒材和板材所用模具。

（2）棒材模具：玻璃试管2支，烘干。

（3）板材模具：取洗净、烘干的2块石英玻璃，在玻璃片之间垫好用玻璃纸包好的乳胶管，围成方形，留出灌料口，用铁夹夹紧，烘干。

3. 生产原料准备

（1）主要任务：完成单体、引发剂及助剂的选择。

（2）单体：甲基丙烯酸甲酯，分析纯。

（3）引发剂：偶氮二异丁腈或过氧化二苯甲酰，分析纯。

（4）助剂：增塑剂（邻苯二甲酸二丁酯，DBP），分析纯；脱模剂（硬脂酸钠），分析纯。

4. 预聚物制备

主要任务：完成预聚物的制备。

准确称取定量 MMA 单体、引发剂 AIBN（BPO）及增塑剂 DBP 放入锥形瓶，为防止水汽进入锥形瓶，应在瓶口包上一层玻璃纸，再用橡胶圈扎紧，用针将玻璃纸扎几个小孔，以排出空气，然后用适当水温（80~90 ℃）的水浴加热锥形瓶，至瓶内预聚物黏度与甘油黏度相近时立即停止加热，迅速用冷水使预聚物冷却至室温。

5. 灌模

主要任务：将制得的预聚物灌入预先准备好的模具中。

将所得的预聚物灌入模具中（注意：灌模时不要灌满，稍留一些空间，以免预聚物受热膨胀溢出模外），用玻璃纸将模口封住，橡胶圈扎紧，用针将玻璃纸扎几个小孔。

6. 成型聚合

主要任务：完成棒材和板材的生产。

将灌好的板材模具放在烘箱中，40~50 ℃恒温保持 5~7 h，抽掉胶管，继续升温至 90~100 ℃，保温 1 h；然后停止加热，自然冷却至 40 ℃，取下模具，得到板材。

将灌好的棒材模具放入恒温水浴锅中，升温至 50 ℃恒温 2 h，在 60 ℃恒温 2 h，在 70 ℃恒温 1 h，待聚合物变硬后，继续升温至 90 ℃恒温 0.5 h；然后取出，自然冷却，取下模具，得到棒材。

【归纳总结】

（1）仪器、设备需要预先干燥。

（2）预聚合时间控制要点：与甘油浓度接近，冷却。

（3）聚合温度的控制：取决于引发剂的分解温度。

（4）灌模方法：倾斜、顺畅、留余地、无气泡。

（5）成型方法：缓慢升温。

【综合评价】

对于本任务的评价见表 2-2。

表 2-2　有机玻璃的生产项目评价表

序号	评价项目	评价要点
1	产品质量	无色透明
		表面光滑
		内无气泡与杂质
2	原料配比	单体量、引发剂量及其他助剂量
3	生产过程控制能力	温度控制范围
		预聚物黏度控制
		灌模方法
		聚合反应时间控制
4	事故分析和处理能力	是否出现生产事故
		生产事故处理方法

【趣味项目】

（1）彩色有机玻璃的生产：加入各种染色剂。

（2）荧光有机玻璃的生产：加入荧光剂，如硫化锌。

（3）珠光有机玻璃的生产：加入人造珍珠粉，如碱式碳酸铅。

【任务拓展】

以苯乙烯为单体进行本体聚合，生产聚苯乙烯板材及棒材。

任务二　PMMA 模塑粉的生产

【知识目标】

（1）掌握甲基丙烯酸甲酯聚合的反应原理。

（2）掌握甲基丙烯酸甲酯聚合引发剂的选择原则。

（3）掌握生产 PMMA 模塑粉的主要原料及作用。

（4）掌握 PMMA 模塑粉的生产工艺及事故处理方法。

【能力目标】

能熟练完成 PMMA 模塑粉的生产。

PMMA 模塑粉是通过甲基丙烯酸甲酯的悬浮聚合制备的，可用成型方法制造假牙、假肢或其他模塑制品。PMMA 模塑粉生产原料及产品示意图如图 2-4 所示。

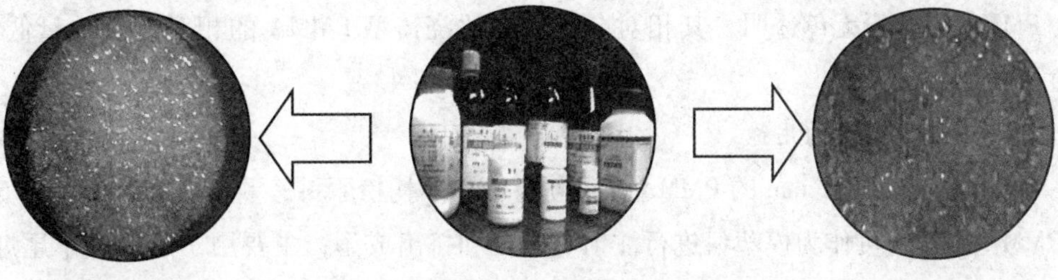

PMMA 模塑粉　　　　生产原料　　　　PMMA 模塑粉

图 2-4　PMMA 生产原料及产品示意图

【任务介绍】

以甲基丙烯酸甲酯为原料，选择合适的引发剂、其他试剂及生产设备，确定配料比。在给定的时间内，生产 PMMA 模塑粉。

产品质量要求：无色、透明、粒度大小符合要求。

【任务分析】

本任务是生产 PMMA 模塑粉，应选择悬浮聚合来实现。根据悬浮聚合的体系组成来选择生产原料及生产设备，在生产中要充分考虑悬浮聚合的特点及影响因素，确保产品质量符合要求。

【相关知识】

一、PMMA 模塑粉的产品

PMMA 模塑粉是通过甲基丙烯酸甲酯的悬浮聚合得到的无色透明颗粒，按照粒度的大小得到不同用途的合成产品，用在不同的加工成型中，可得到性能及用途不同的塑料制品。PMMA 模塑粉制品如图 2-5 所示。

热凝造牙粉　　　　PMMA 灯罩　　　　PMMA 烟灰缸

图 2-5　PMMA 模塑粉制品

二、PMMA 模塑粉的性能及用途

1. PMMA 模塑粉的性能

PMMA 模塑粉无色透明，其相对分子质量比浇铸型 PMMA 的相对分子质量低，其他性能相近。

2. PMMA 模塑粉的用途

颗粒直径小于 0.1 mm 的 PMMA 模塑粉可用作牙托粉原料；颗粒直径为 0.2~0.5 mm 的 PMMA 模塑粉可作为模塑料进行注射、模压和挤出成型，主要用于制造汽车尾灯罩、交通信号灯罩、工业透镜、仪表盘盖、控制板、设备罩壳等。

三、PMMA 模塑粉的生产工艺

1. PMMA 模塑粉的生产原理

甲基丙烯酸甲酯的悬浮聚合与本体聚合所遵循的聚合反应原理相同，均属自由基型聚合反应。

2. PMMA 模塑粉的生产特点

甲基丙烯酸甲酯的悬浮聚合属典型的均相聚合反应，产物是无色透明、坚硬、光滑的珠状粒子。反应温度为 25 ℃时，聚合反应过程中体积收缩率为 23%左右。当转化率达 20%~70%时，均相反应体系的单体液滴中因溶有大量聚合物而黏度很大，凝聚黏结的危险性也就很大，很容易产生爆聚现象。因此，生产中要严格控制聚合反应温度。

3. PMMA 模塑粉的生产工序

PMMA 模塑粉的生产采用间歇法，图 2-6 为 PMMA 模塑粉的生产工序示意图。

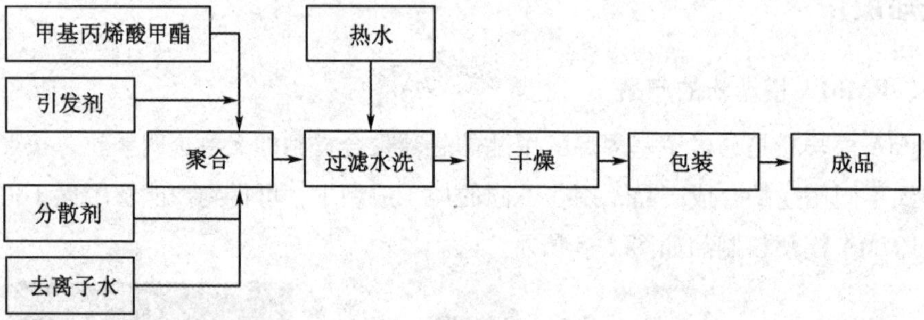

图 2-6　PMMA 模塑粉的生产工序示意图

4. PMMA 模塑粉的生产控制因素

在甲基丙烯酸甲酯的悬浮聚合中，单体纯度、水油比、聚合反应温度、聚合反应时间、聚合反应压力、黏釜物等对聚合过程及产品质量都有影响，只有掌握它们的变化规律才能进行平稳操作及生产合格的产品。

（1）单体纯度。杂质主要影响聚合反应速率及产品质量。单体合成的方法不同，其所含杂质也不同。在甲基丙烯酸甲酯的悬浮聚合中，常见的杂质有甲醇、乙醇等低级醇类及低级醚类、酮类等，杂质含量超过0.01%，就会对产品质量有明显影响，会导致悬浮聚合体系中出现聚合物胶液及乳胶滴增大黏结倾向，也会造成聚合物粒子内部产生气泡。

（2）水油比。悬浮聚合体系中的水油比是指水的用量与单体用量的质量比。水油比的大小将直接影响聚合物粒子的大小。水油比大利于反应热的移出，易于操作控制。但水量过多也会降低聚合设备的利用率。工业上水油比大小要依据产品用途控制在1：（1~6）：1。

（3）聚合反应温度。悬浮聚合的反应温度是由单体、引发剂的性质及产品的性能来确定的。理论上，选择在接近单体或水的沸点条件下进行聚合，反应速率较快，但产物不规则，部分粒子内部会含有气泡。因此，工业上多数悬浮聚合是在单体和水的沸点以下常压操作。同时，也要考虑选用的引发剂分解温度。

（4）聚合反应压力。加压聚合对反应器的强度和搅拌器密封要求更高。因此，通常采用常压下操作。

（5）聚合反应时间。单体纯度、引发剂类型和用量、聚合反应温度及聚合反应压力都能影响聚合时间。但转化率达90%以后，聚合物粒子中单体浓度已很低，聚合速率大大下降。这时结束反应回收单体可缩短反应时间。

（6）聚合反应核心设备。聚合反应器是聚合反应的核心设备，其类型有很多种。悬浮聚合一般为间歇式生产，大都采用带夹套和搅拌器的釜式反应器。搅拌在悬浮聚合中极为重要，搅拌的目的是使单体均匀分散并悬浮成微小的液滴。悬浮聚合时，搅拌器的转速与生产品种及操作条件有关。在生产上，只要采用适当的转速，不仅可降低能耗，还可减少结块并使聚合物颗粒形态均匀。

（7）黏釜物。在悬浮聚合过程中，黏釜物很容易在釜壁上形成。这主要是聚合中形成的低聚物或在搅拌中飞溅碰撞釜壁的聚合物粒子造成的。黏釜物的存在会导致釜壁导热系数降低，影响传热效果。此外，如果树脂中混入黏釜物，在加工时不易塑化，在制品中会出现不透明的细小粒子，生产中常把这种不塑化的粒子称为鱼眼。鱼眼会影响产品质量，因此必须采取一系列措施预防结块和清除黏釜物。工业上常采用的措施有以下几种。

① 使聚合釜内壁金属钝化。

② 添加水相阻聚剂，终止水相中的自由基，如在明胶为分散剂的体系中加入亚硝基R盐、亚甲基蓝或硫化钠等。

③ 釜内壁涂布某些极性有机化合物，防止金属表面发生引发聚合或大分子活性链的接触，如用醇溶黑作为釜壁涂层。

④ 定期清釜。

（8）产物后处理。悬浮聚合之后，一般会得到固体浓度为 20%~42%的悬浮液，其中大量为水分，需要将聚合物与水进行分离，聚合物粒子经洗涤、干燥，即得成品。

【任务实施】

1. 仪器准备

（1）主要任务：完成仪器的选择、清洗。

（2）生产设备：恒温水浴锅 1 台、四口瓶 1 个、球形冷凝器 1 个、表面皿 1 个、温度计 1 支、烧杯 4 个、量筒 1 个、搅拌装置。

（3）公用设备：烘箱、天平、真空抽滤装置、标准筛。

2. 配料

（1）主要任务：完成单体、引发剂、分散剂、助剂的选择及配制（总物料量为 200 g）。

（2）单体：甲基丙烯酸甲酯，分析纯（质量分数为 16. 00%）。

（3）引发剂：偶氮二异丁腈或过氧化二苯甲酰，分析纯（质量分数为 0. 10%）。

（4）分散剂：明胶溶液或聚乙烯醇溶液（自制）（质量分数为 0. 27%）。

（5）分散介质：去离子水（质量分数为 83. 63%）。

（6）助剂：水相阻聚剂（亚甲基蓝或硫化钠）（少量，1~2 滴）。

3. 生产准备

（1）主要任务：完成生产装置的安装、调试及加料操作。

（2）安装与调试：如图 2-7 所示，安装、调试搅拌器，使其正常运转。

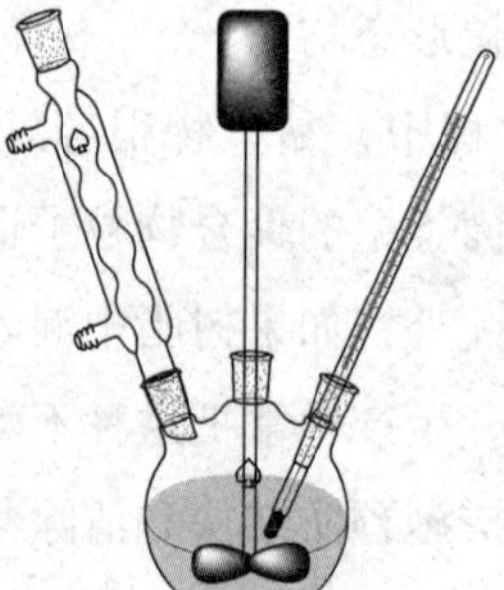

图 2-7　安装、调试搅拌器示意图（1）

（3）加料顺序：

① 配制分散剂溶液。

② 将配好的分散剂溶液及蒸馏水加到四口瓶中。

③ 启动搅拌，搅拌至分散剂充分溶解，停止。

④ 将单体与引发剂倒入烧杯，溶解后加入四口瓶中。

4. PMMA 模塑粉生产

（1）主要任务：完成 PMMA 模塑粉的生产操作。

（2）观察现象：油水分层，有两相界面。缓慢开动搅拌器，待油状透明珠粒大小达到要求的直径后，开始加热，温度控制在 70 ℃。然后加入 1~2 滴浓度为 1.0%的亚甲基蓝，反应 1 h 后升温至 80 ℃，恒温反应 3 h，待颗粒变硬，再升温至 90 ℃，反应结束。

5. 产物后处理

（1）主要任务：完成产物的后处理（洗涤、过滤、干燥、筛分）操作，得到合格产品。

（2）洗涤：将产物倒入烧杯，沉淀分层，倒出上层液体，余下用热水洗涤（注意不要把颗粒冲洗出去），洗至清晰为止，观察颗粒是否均匀透明。

（3）过滤：将含有颗粒的液体抽滤，倒入表面皿中。

（4）烘干：将表面皿放入烘箱，温度控制在 100 ℃，干燥 4 h 左右。

（5）筛分：用标准筛筛分颗粒。

【归纳总结】

（1）生产装置：安装平稳，搅拌顺畅。

（2）加料：按顺序完成。

（3）聚合温度的控制：取决于引发剂的分解温度，严格控制，防止爆聚。

（4）搅拌控制：通过控制搅拌速度来控制产物粒度大小。

（5）后处理：热水洗净，烘干。

【综合评价】

对于本任务的评价见表 2-3。

表 2-3　PMMA 模塑粉的生产项目评价表

序号	评价项目	评价要点
1	产品质量	无色透明
		颗粒均匀
		颗粒大小符合质量要求，产率高
2	原料配比	单体量、引发剂量及其他助剂量

表2-3(续)

序号	评价项目	评价要点
3	生产过程控制能力	温度控制范围
		搅拌速度的控制
		聚合反应时间控制
		后处理方法
4	事故分析和处理能力	是否出现生产事故
		生产事故处理方法

【趣味项目】

尝试使用染色剂生产彩色 PMMA 模塑粉。

【任务拓展】

以苯乙烯为单体实施悬浮聚合，生产粒状聚苯乙烯树脂。

任务三　甲基丙烯酸甲酯-苯乙烯悬浮共聚物的生产

【知识目标】

（1）掌握甲基丙烯酸甲酯-苯乙烯共聚合的反应原理。
（2）掌握共聚合反应引发剂的选择原则。
（3）掌握生产甲基丙烯酸甲酯-苯乙烯悬浮共聚物的主要原料及作用。
（4）掌握甲基丙烯酸甲酯-苯乙烯共聚合的生产工艺及事故处理方法。

【能力目标】

能熟练完成甲基丙烯酸甲酯-苯乙烯悬浮共聚物的生产。

甲基丙烯酸甲酯-苯乙烯悬浮共聚物（MS）是制备透明高抗冲塑料甲基丙烯酸甲酯-丁二烯-苯乙烯（MBS）的原料之一。可通过改变苯乙烯的含量来调节共聚物的折光率。甲基丙烯酸甲酯-苯乙烯悬浮共聚物生产原料及产品示意图如图 2-8 所示。

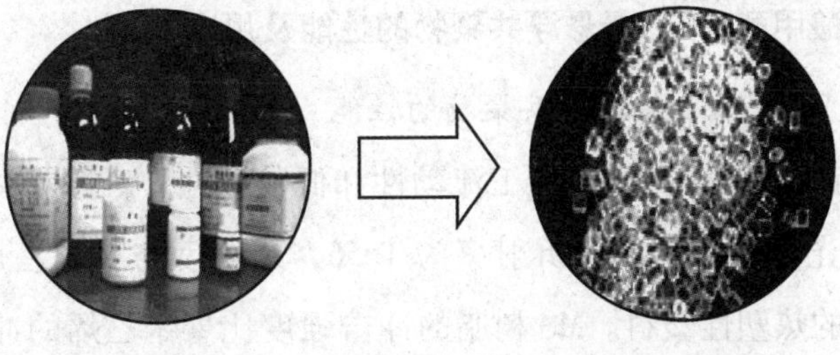

生产原料　　悬浮共聚物

图 2-8　甲基丙烯酸甲酯-苯乙烯悬浮共聚物生产原料及产品示意图

【任务介绍】

以苯乙烯和甲基丙烯酸甲酯为原料，选择合适的引发剂、其他试剂及生产设备，确定配料比。在给定的时间内，生产甲基丙烯酸甲酯-苯乙烯悬浮共聚物。

产品质量要求：无色、透明、粒度大小符合要求。

【任务分析】

本任务是生产甲基丙烯酸甲酯-苯乙烯悬浮共聚物，甲基丙烯酸甲酯与苯乙烯的竞聚率很接近，很容易得到组分均一的共聚物。工业上可用本体法、悬浮法、溶液法和乳液法进行聚合。本任务采用的是悬浮聚合工艺，产品为粒状树脂。根据悬浮共聚合的体系组成来选择生产原料配比及生产设备，在生产中要充分考虑悬浮共聚合的特点及影响因素，确保产品质量符合要求。

【相关知识】

一、甲基丙烯酸甲酯-苯乙烯悬浮共聚物产品

MS 粒状树脂是甲基丙烯酸甲酯和苯乙烯通过悬浮共聚合得到的无色透明颗粒，按照粒度的大小得到不同用途的合成产品，用在不同的加工成型中，可得到性能及用途不同的塑料制品。甲基丙烯酸甲酯-苯乙烯悬浮共聚物制品如图 2-9 所示。

车辆灯具杯　　MS 塑料酒杯　　印刷机部件

图 2-9　甲基丙烯酸甲酯-苯乙烯悬浮共聚物制品

二、甲基丙烯酸甲酯-苯乙烯悬浮共聚物的性能及用途

1. 甲基丙烯酸甲酯-苯乙烯悬浮共聚物的性能

MS 树脂除具有聚苯乙烯良好的加工流动性和低吸湿性外，还兼具甲基丙烯酸甲酯的耐候性和优良的光学性能。它的折射率为 1.56，透明度与聚苯乙烯的透明度相近，是一种透明、无毒的热塑性塑料。MS 树脂的冲击强度比聚苯乙烯的冲击强度高，热变形温度与甲基丙烯酸甲酯的热变形温度相近，与其他高分子树脂的相容性好，是一种很好的改性剂。

2. 甲基丙烯酸甲酯-苯乙烯悬浮共聚物的用途

MS 树脂的主要用途是做食品包装容器、罐头内衬、医疗器具、文具用品、玩具、鞋底、黏合剂，以及用来与聚苯乙烯、聚烯烃、聚氯乙烯等塑料进行共混改性，也可用作透明罩壳、车用灯罩、电气零件、办公机器的打印部件、家用电器的铭牌、开关配件及其他各种日用品等。

三、甲基丙烯酸甲酯-苯乙烯悬浮共聚物的生产工艺

1. 甲基丙烯酸甲酯-苯乙烯悬浮共聚物的生产原理

甲基丙烯酸甲酯-苯乙烯聚合遵循自由基型共聚合反应原理，聚合反应式如下：

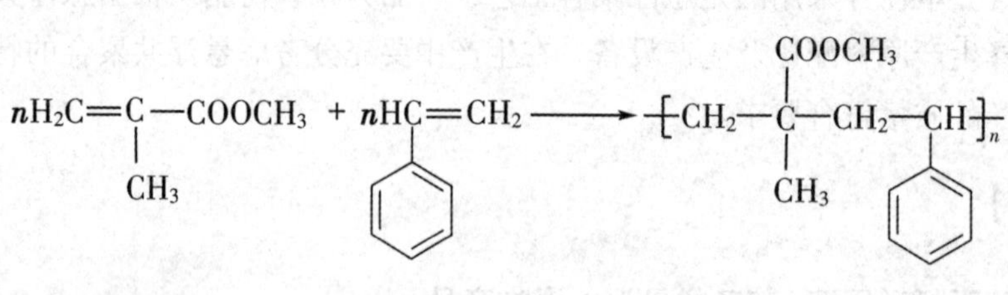

2. 甲基丙烯酸甲酯-苯乙烯悬浮共聚物的生产特点

甲基丙烯酸甲酯-苯乙烯的悬浮聚合属于典型的均相聚合反应，产物是无色、透明、坚硬、光滑的圆珠球状粒子。通常情况下，该聚合反应温度较高，比较适合选择碳酸镁和碳酸钙等无机粉状分散剂。聚合反应过程中存在体积收缩现象，体系黏度也很大，有凝聚黏结的危险。该反应易产生爆聚现象，生产中要严格控制聚合温度。

3. 甲基丙烯酸甲酯-苯乙烯悬浮共聚物的生产工序

生产过程采用间歇法生产，甲基丙烯酸甲酯-苯乙烯悬浮共聚物生产工序示意图如图 2-10 所示。

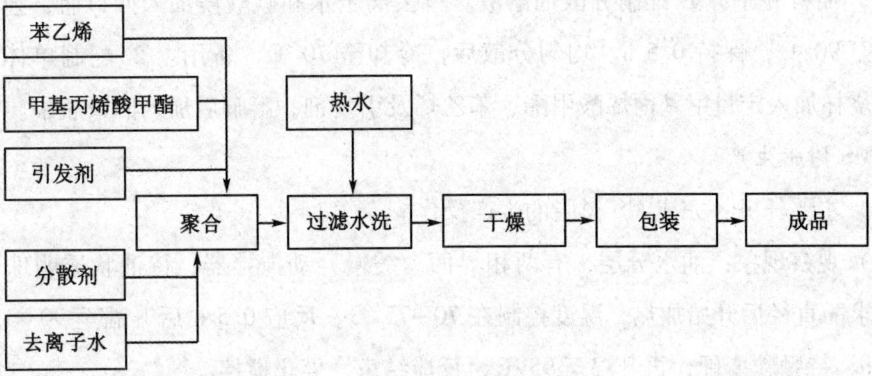

图 2-10　甲基丙烯酸甲酯-苯乙烯悬浮共聚物生产工序示意图

4. 甲基丙烯酸甲酯-苯乙烯悬浮共聚物的生产控制因素

甲基丙烯酸甲酯-苯乙烯悬浮共聚物的生产控制与均聚物悬浮聚合的生产控制相似，单体的纯度、水油比、聚合反应温度、聚合反应压力、搅拌速度等对聚合过程及产品质量都有影响。可参照均聚物的生产过程加以控制。

【任务实施】

1. 仪器准备

（1）主要任务：完成仪器的选择、清洗。

（2）生产设备：恒温水浴锅 1 台、四口瓶 1 个、球形冷凝器 1 个、滴液漏斗 1 个、温度计 1 支、烧杯 3 个、量筒 1 个、搅拌装置 1 个。

（3）公用设备：烘箱、天平、真空抽滤装置。

2. 生产原料准备

（1）主要任务：完成单体、引发剂、分散剂、其他试剂的选择及配制（总物料量为 200 g）。

（2）单体：甲基丙烯酸甲酯、苯乙烯，分析纯。

（3）引发剂：偶氮二异丁腈或过氧化二苯甲酰，分析纯。

（4）分散剂：碳酸镁或聚乙烯醇。

（5）分散介质：去离子水。

3. MS 树脂生产准备

（1）主要任务：完成生产装置的安装、调试及加料操作。

（2）安装与调试：安装、调试搅拌器，使其正常运转。

（3）加料顺序：① 配制分散剂溶液。将去离子水和碳酸镁加入四口瓶，搅拌，水浴加热至 90 ℃，保持 0.5 h。均匀分散后，冷却至 70 ℃，备用。② 配制单体、引发剂。用烧杯加入定量甲基丙烯酸甲酯、苯乙烯及引发剂，溶解后加入四口瓶中。

4. MS 树脂生产

（1）主要任务：完成 MS 树脂的生产操作。

（2）观察现象：油水分层，有两相界面。缓慢开动搅拌器，待油状透明珠粒大小达到要求的直径后开始加热，温度控制在 70~75 ℃，反应 0.5 h 后升温至 90 ℃，恒温反应 2 h，待颗粒变硬，再升温至 95 ℃，反应结束，停止搅拌。

5. MS 树脂产物后处理

（1）主要任务：完成产物的后处理（洗涤、过滤、干燥、筛分）操作，得到合格产品。

（2）洗涤：降温出料，倒入烧杯，沉淀分层，用热水洗涤（注意不要把颗粒冲洗出去），洗至清晰为止，观察颗粒是否均匀透明。

（3）过滤：将含有颗粒的液体真空抽滤，倒入表面皿中。

（4）烘干：将表面皿放入烘箱，温度控制在 60 ℃，干燥 2 h 左右得到无色、透明的 MS 树脂粒料。

【归纳总结】

（1）生产装置：安装要平稳，搅拌顺畅。

（2）原料配方：共聚反应要考虑单体的竞聚率，选择合适的配方。

（3）聚合温度的控制：取决于引发剂的分解温度，严格控制，防止爆聚。

（4）搅拌控制：控制搅拌速度来控制产物粒度大小。

（5）后处理：热水洗净，烘干。

【综合评价】

见“任务二　PMMA 模塑粉的生产”的综合评价。

【趣味项目】

尝试使用染色剂生产彩色甲基丙烯酸甲酯-苯乙烯悬浮共聚物。

【任务拓展】

以苯乙烯、丁二烯及甲基丙烯酸甲酯为单体实施聚合反应，生产 MBS 树脂，该树脂是 PVC 的改性剂。

任务四　乳白胶的生产

【知识目标】

（1）掌握醋酸乙烯酯的乳液聚合的反应机理。

（2）掌握醋酸乙烯酯的乳液聚合引发剂的选择原则。

（3）掌握生产聚醋酸乙烯酯乳白胶的主要原料及作用。

（4）掌握乳白胶生产工艺。

【能力目标】

能熟练完成聚醋酸乙烯酯乳白胶的生产。

乳白胶又称聚醋酸乙烯酯乳液胶黏剂，是通过醋酸乙烯酯的乳液聚合制备的，是一种黏结力强、黏度适中、无毒、无腐蚀、无污染的现代绿色环保型黏合剂，用途十分广泛。乳白胶生产原料及产品示意图如图 2-11 所示。

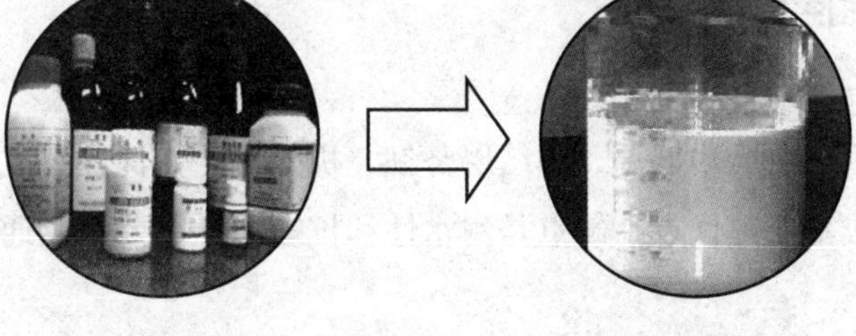

生产原料　　乳白胶

图 2-11　乳白胶生产原料及产品示意图

【任务介绍】

以醋酸乙烯酯为原料，选择合适的引发剂、其他试剂及生产设备，确定配料比。在给定的时间内，生产乳白胶。

产品质量要求：乳白色黏稠液体。

【任务分析】

醋酸乙烯酯的聚合遵循自由基型聚合反应机理，可以选择本体聚合、溶液聚合、悬浮聚合和乳液聚合四种工业实施方法来实现产品的生产，通常依据产品的用途来选择。本任务是生产乳白胶，应选择乳液聚合来实现。根据乳液聚合的体系组成选择生产原料及生产设备，在生产中要充分考虑乳液聚合的特点及影响因素，确保产品质量。

【相关知识】

一、乳白胶的产品

根据需求和用途的不同，乳白胶可分强力乳白胶（RF701）、乳白胶Ⅰ型（RF601）、乳白胶Ⅱ型（RF642）等。乳白胶产品如图 2-12 所示。

图 2-12　乳白胶产品

二、乳白胶的性能及用途

1. 乳白胶的性能

乳白胶具有耐高温、耐低温、黏结层坚韧、机械稳定性优良、抗微生物侵蚀、耐氧化、环境友好、成本低等优点，缺点是耐水性和抗蠕变性能差，可通过与其他单体共聚得到改性。

乳白胶具有很大的工业重要性，在木材加工、土木建筑、纸加工、包装及装订等行业中应用广泛。

2. 乳白胶的用途

乳白胶主要用于家具制造、木材加工、纸张加工、建筑装潢、皮革黏合、织物整理、涂料基础乳液、印刷装订、纸塑复合、标签等方面。它是家庭装潢、建筑工程、广告、家具及板材加工、包装纸业等行业用胶的理想选择。

使用乳白胶时需注意：应将其存放于常温、通风、干燥的库房内，室温应保持在

5 ℃以上；若未一次性使用完，施工后请加盖密封；注意防冻，冬季应在 0 ℃以上运输。

三、乳白胶的生产原理

1. 单体的性质及来源

纯净的醋酸乙烯酯是无色液体，具有甜的醚味；微溶于水，溶于醇、丙酮、苯、氯仿等有机溶剂；易燃，其蒸气与空气可形成爆炸性混合物，遇明火、高热能引起燃烧、爆炸；与氧化剂能发生强烈反应，极易受热、光或微量过氧化物的作用而聚合。其主要用于生产聚乙烯醇树脂和合成纤维，也可生产多种用途黏合剂，还能与氯乙烯、丙烯腈、丙烯酸、乙烯等单体共聚制成不同性能的高分子合成材料。

目前，生产醋酸乙烯酯的主要方法有加成法和直接氧化法。

2. 乳白胶的生产原理

醋酸乙烯酯单体在引发剂过硫酸铵作用下的乳液聚合按照自由基型聚合反应机理进行。聚合反应式如下：

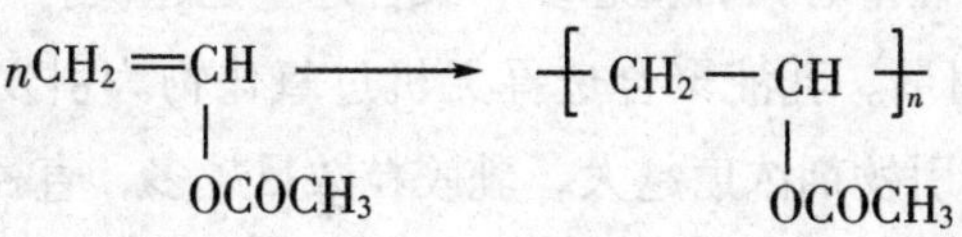

四、乳白胶的生产工艺

1. 乳白胶的生产特点

醋酸乙烯酯的乳液聚合机理与一般乳液聚合相同。采用水溶性的过硫酸盐为引发剂，聚合速度相对其他丙烯酸单体的聚合速度要慢些。为使反应平稳进行，单体和引发剂均需要分批加入，并且要适当增加滴加时间。否则在滴加初期，单体转化为聚合物的量会比较少，随着滴加的增多，会在反应釜中积累更多单体，等到滴加后期或者保温阶段，就很容易发生爆聚。聚合中大多采用聚乙烯醇作为稳定剂，含固量为 50%左右，乳胶粒直径一般为 0.5~2.0 μm。

2. 乳白胶的生产工序

一般采用间歇法生产乳白胶。图 2-13 所示为乳白胶的生产工序示意图。

3. 乳白胶的生产控制因素

乳液聚合反应中影响聚合过程及产品质量的主要因素有乳化剂种类和用量、引发剂种类和用量、搅拌速度、聚合反应温度、加料方式等。掌握以上因素的变化规律才能进行平稳操作，生产合格产品。

（1）乳化剂种类和浓度。它们主要影响乳胶粒直径及数目、聚合反应速率、产物相对分子质量及聚合物乳液的稳定性。

① 乳化剂种类不同，其临界胶束浓度、胶束大小及对单体的增溶性也不同，会对

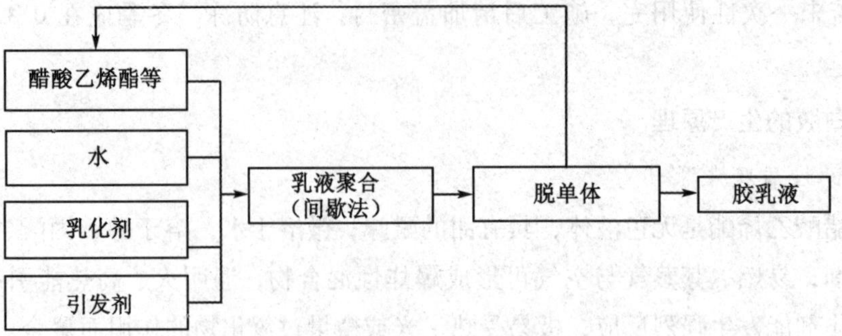

图 2-13　乳白胶的生产工序示意图

乳胶粒直径及数目、聚合反应速率、产物相对分子质量产生一定的影响。

② 乳化剂浓度越大，按胶束机理生成的乳胶粒数目也就越多，乳胶粒数目越多，直径越小。当自由基生成速率一定时，乳胶粒数目越多，自由基在乳胶粒中的平均寿命就越长，自由基就有充足的时间进行链增长，所以可达到很大的相对分子质量；同时，乳胶粒数目越多，反应活性中心数目就越多，聚合速率也越快。

（2）引发剂种类和用量。乳液聚合选择无机过氧化物为引发剂，乳白胶的生产常采用过硫酸铵为引发剂。引发剂浓度越大，乳胶粒数目越多，直径越小。

（3）搅拌速度。在乳液聚合中，搅拌的主要作用是把单体分散成单体珠滴，同时利于传质和传热。但搅拌速度不宜过大，否则会使乳胶粒子数目减少、乳胶粒直径增大及聚合反应速率减慢，还会使乳液产生凝胶，甚至导致破乳。因此，生产中应采用适当的搅拌速度。

（4）聚合反应温度。它对聚合反应速率、产物相对分子质量的影响规律与其他自由基型聚合反应对这些因素的影响规律相似。对于乳液聚合而言，聚合反应温度主要影响的是乳胶粒直径和数目及聚合物乳液的稳定性。反应温度升高，胶束成核速率加快，乳胶粒数目增多，粒径减小，使乳胶粒子之间发生碰撞而使产生聚集的概率增大，从而导致乳液稳定性下降，甚至使乳化剂失去稳定作用而导致破乳。

（5）加料方式。乳液聚合大多数是间歇操作。加料方式有间歇加料、半连续加料和滴加等。间歇加料法由于单体浓度大，易产生自加速效应，聚合稳定性差。而半连续加料法和滴加法因聚合反应速率受单体滴加速度控制，反应平稳易控。可根据具体产品的性能要求和工艺特点来选择合理的加料方式。

【任务实施】

1. 仪器准备

（1）主要任务：完成仪器的选择、清洗。

（2）生产设备：恒温水浴锅 1 台、四口瓶 1 个、球形冷凝器 1 个、滴液漏斗 1 个、温度计 1 支、烧杯 3 个、量筒 1 个、搅拌装置 1 个。

(3) 公用设备：烘箱、天平、真空抽滤装置、标准筛。

2. 生产原料准备

(1) 主要任务：完成单体、引发剂、乳化剂、其他试剂的选择及配制（总物料量为 200 g）。

(2) 单体：甲基丙烯酸甲酯，分析纯。

(3) 引发剂：过硫酸钾或过硫酸铵，分析纯。

(4) 乳化剂：聚乙二醇辛基苯基醚（OP-10），分析纯。

(5) 分散介质：去离子水。

(6) 稳定剂：聚乙烯醇-1799。

(7) 增塑剂：邻苯二甲酸二丁酯，分析纯。

3. 乳白胶生产准备

(1) 主要任务：完成生产装置的安装、调试及配料操作。

(2) 安装与调试：如图 2-14 所示，安装、调试搅拌器，使其正常运转。

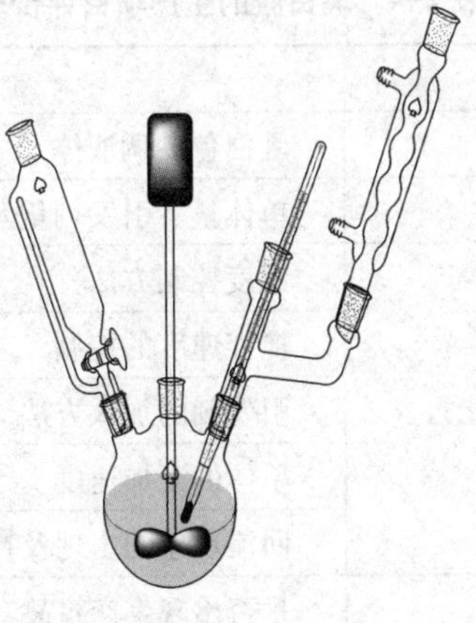

图 2-14 安装、调试搅拌器示意图（2）

(3) 配料方法：

① 配制浓度为 10%的聚乙烯醇溶液。在四口瓶中加入定量的聚乙烯醇和去离子水，加热至 85 ℃ 左右，至聚乙烯醇溶解并变得均匀透明，再冷却至 65 ℃。

② 将醋酸乙烯酯单体倒入滴液漏斗，备用。

③ 量取邻苯二甲酸二丁酯、OP-10 及过硫酸钾（溶于水中），备用。

4. 乳白胶生产

主要任务：完成乳白胶的生产操作。

① 向四口瓶中加入定量水及 OP-10，搅拌 20 min，温度控制在 66~68 ℃。

② 加入占总量 15%的单体和占总量 40%的引发剂，搅拌 10 min，升温至 70 ℃，控

制回流。当回流消失后，升温至 80 ℃，滴加剩余单体，视回流快慢，控制滴加速度，3~5 h滴完，并在此期间把余下引发剂的 2/3 分 3 次加入溶液。单体滴加完后，加入剩余的引发剂，再搅拌 5 min。

③ 升温至 90 ℃，保温 30 min，再冷却至 50 ℃。加入 DBP 搅拌 10 min，出料。

【归纳总结】

（1）滴加单体，控制滴加速度。

（2）分批加入引发剂。

（3）注意观察回流现象。

（4）严格控制反应各阶段的温度，单体滴加时控制反应温度不变。

（5）发现有块状物出现时，一定要设法取出。

【综合评价】

对于本任务的评价见表 2-4。

表 2-4 乳白胶的生产项目评价表

序号	评价项目	评价要点
1	产品质量	乳白色黏稠液体
2	原料配比	单体量、引发剂量及其他助剂量
3	生产过程控制能力	温度控制方法
		搅拌速度的控制
		引发剂的加入方法
		单体的滴加速度
		回流现象的出现及控制
4	事故分析和处理能力	是否出现生产事故
		生产事故处理方法

【趣味项目】

尝试从乳白胶中分离出固体聚合物。

【任务拓展】

对聚醋酸乙烯酯乳白胶进行改性，提高其耐水性能。

任务五　聚乙烯的生产工艺分析

【知识目标】

（1）掌握乙烯聚合的反应机理。

（2）掌握乙烯聚合引发剂（催化剂）的选择原则。

（3）掌握生产聚乙烯的主要原料及作用。

（4）掌握低密度、线性低密度及高密度聚乙烯装置的生产工艺及生产特点。

（5）掌握低密度、线性低密度及高密度聚乙烯生产主要岗位设置及各岗位的工作任务。

【能力目标】

（1）能正确分析低密度、线性低密度及高密度聚乙烯生产岗位的工作任务。

（2）能识读低密度、线性低密度及高密度聚乙烯生产工艺流程图。

聚乙烯（polyethylene，PE）是由乙烯单体经自由基或配位聚合反应而获得的一种热塑性树脂，目前是通用合成树脂中产量及用量最大的品种。其特点是价格便宜、性能较好，广泛应用于工业、农业、包装、医疗卫生等行业及能源、交通、军事、国防等领域中。聚乙烯生产原料及产品示意图如图 2-15 所示。

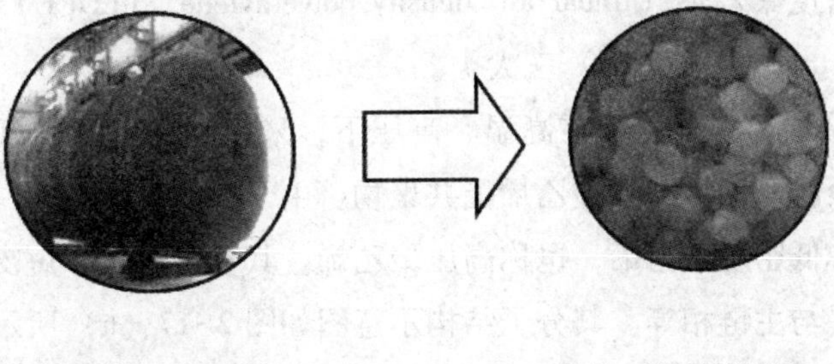

图 2-15　聚乙烯生产原料及产品示意图

一、聚乙烯制品

以聚乙烯树脂为基材，添加少量抗氧化剂、滑爽剂等添加剂，按照产品用途不同采用相应的加工成型方法，可以制成各种用途的聚乙烯塑料或纤维制品。聚乙烯产品如图 2-16 所示。

塑料瓶（中空制品） 塑料膜（薄膜制品） 塑料管（挤出成型） 塑料箱（注塑成型）

塑料桶（吹塑成型） 塑料绳（单丝制品） 电线（挤出成型） 塑料地膜（吹塑成型）

图 2-16 聚乙烯产品

二、聚乙烯的性能指标及用途

1. 聚乙烯主要品种及分子结构

按照结构性能不同，聚乙烯主要分为低密度聚乙烯（low density polyethylene，LDPE）、线性低密度聚乙烯（linear low density polyethylene，LLDPE）及高密度聚乙烯（high density polyethylene，HDPE）三大类。

（1）低密度聚乙烯。是乙烯在高温、高压下，采用氧或有机过氧化物为引发剂聚合而得，包括均聚物和乙烯与醋酸乙烯酯共聚物。由于产物支化度高，具有较低的结晶度和密度，所以称低密度聚乙烯，也称高压聚乙烯。其分子有长、短支链，有的支链呈树枝状，长度几乎与主链相等。其分子结构示意图如图 2-17（a）所示。

（2）线性低密度聚乙烯。是乙烯与少量 α-烯烃（如 1-丁烯、1-己烯、1-辛烯等）在一定压力及高效齐格勒-纳塔引发剂作用下共聚而得。常规线性低密度聚乙烯的分子结构以其线性主链为特征，只有少量或没有长支链，但有一定数量无规分布的短支链，短支链的长度比低密度聚乙烯的支链长度短，比高密度聚乙烯支链长度长，没有长支链使聚合物的立构规整性、结晶性均高于高压低密度聚乙烯。其分子结构示意图如图 2-17（b）所示。

（3）高密度聚乙烯。是乙烯在低压下，采用铬系或齐格勒-纳塔引发剂聚合而得的均聚物或与1-丁烯（1-己烯）的共聚物。由于聚合条件温和，不易发生向大分子的链转移反应，产物基本无支链，具有较高的结晶度和密度，所以称为高密度聚乙烯，也称低压聚乙烯。其分子为线型结构，很少有支化现象。其分子结构示意图如图2-17（c）所示。

（a）低密度聚乙烯

（b）线性低密度聚乙烯

（c）高密度聚乙烯

图2-17　三类聚乙烯分子结构示意图

2. 聚乙烯产品性能

（1）低密度聚乙烯产品性能。LDPE树脂是呈乳白色、半透明、蜡状的固体，它无毒、无味、无臭，密度为0.910~0.940 g/cm^3。LDPE产品质量较轻、柔软性良好、耐低温性能很好、耐冲击性能较好、电绝缘性优异，但机械强度高、耐热性差。其主要用于生产薄膜、管材（软）、电缆绝缘层及护套等。

（2）线性低密度聚乙烯产品性能。LLDPE树脂外观与LDPE树脂外观相似，透明性稍差，但表面光泽，无毒、无味、无臭，密度为0.915~0.935 g/cm^3。LLDPE产品的低温韧性、抗撕裂强度、拉伸强度、冲击强度、刚性、耐环境应力开裂性均优于LDPE，适合吹塑、挤塑、注塑、滚塑等加工成型方法。薄膜透明、耐撕裂针刺，可用来生产重包装袋、农用膜、超薄膜包装袋等产品。挤出成型的管材可用于输送液体及天然气，还可制成扁丝及各种注塑制品。

（3）高密度聚乙烯产品性能。HDPE树脂外观与LDPE树脂外观相似，透明性稍差，无毒、无味、无臭，密度为0.940~0.976 g/cm^3。由于主链上支链少而短，结晶度高，因此其拉伸模强度、机械强度、硬度、耐环境应力开裂性等性能均优于LDPE，尤其是对油、脂的阻隔性最好，抗透气性仅为LDPE的1/5，适于制作防潮、防水蒸气散失的包装制品。其可用多种方法加工成型，主要用于生产单丝、薄膜、家用器皿、玩具、桶、箱子、板材、管材等。

（4）超高分子量聚乙烯产品性能。如果用齐格勒-纳塔引发剂在低压下生产 HDPE 时支链很少，不用氢气或其他分子量调节剂可得到相对分子质量很高的聚乙烯，相对分子质量在 10^6 以上的聚乙烯被称为超高分子量聚乙烯（ultra-high molecular weight polyethylene，UHMWPE）。其具有抗老化性及超强的耐磨性、自润滑性，强度高、化学性质稳定，适合采用挤出、吹塑、注塑及其他特殊方法加工成型。超高分子量聚乙烯纤维具有较好的耐磨、耐冲击、耐腐蚀、耐光等性能，比强度是化纤中最高的。它主要用于生产民用绳索、缆绳、渔具，国防军需用防弹衣、头盔、防刺衣、盾牌、降落伞，航天用降落伞、飞机零部件等。

（5）聚乙烯的改性。聚乙烯可通过共聚、交联、接枝、填充、增强、共混等方法进行改性。如 LDPE 与 LLDPE 共混物可提高 LLDPE 的成膜性、冲击强度及透明性；用玻璃纤维增强材料可改善、提高 HDPE 的拉伸强度、冲击强度及尺寸稳定性等；HDPE 与 PMMA 共混可提高对油墨的黏结力。聚乙烯的改性产品主要有氯化聚乙烯、氯磺化聚乙烯、交联聚乙烯、接枝聚乙烯等。

LDPE、LLDPE 及 HDPE 的主要性能如表 2-5 所列。

表 2-5　LDPE、LLDPE 及 HDPE 的主要性能

主要性能	聚乙烯产品		
	LDPE	LLDPE	HDPE
相对密度	0.910~0.940	0.915~0.935	0.940~0.976
相对分子质量/（$\times10^4$）	10~50	5~20	10~30
熔点/℃	100~115	110~130	126~136
拉伸强度/MPaG	6.90~13.79	20.68~27.58	24.13~31.03
伸长率	300%~600%	600%~700%	100%~1000%
肖氏硬度	41~45	44~48	60~70
最高使用温度/℃	80~95	90~105	110~130
耐环境应力开裂	好	很好	好
结晶度	50%	50%~55%	80%~95%

3. 聚乙烯主要质量指标

因聚乙烯树脂加工产品用途不同，衡量其性能的质量指标略有不同。主要质量指标有熔融指数、密度、相对分子质量分布等。

（1）熔融指数。又称熔体流动速率，是指热塑性树脂在熔体测定仪上，在一定负荷和温度下，熔体每 10 min 通过标准口模毛细管的质量，用 MFR 表示，单位为 g/10 min。高 MFR 的聚乙烯树脂相对分子质量低，成型流动性好，适合注塑成型；低 MFR 的聚乙烯树脂相对分子质量高，成型流动性差，适合挤出成型。

（2）密度。指在一定温度下，单位体积聚合树脂的质量，单位为 g/cm^3 或 kg/m^3。

聚合反应中，链转移将产生高分子链的支化，支化度越高，密度越小，结晶度降低，熔体流动性增加。聚合物的密度越大，结晶度越高，刚性和表面强度增加，抗拉伸性能变差。

（3）相对分子质量分布。聚合树脂的相对分子质量分布不仅影响产品的性能，对产品加工工艺过程的影响也很大。相对分子质量分布宽则聚合物熔体黏度小，容易流动，有利于加工成型，但冲击强度及耐环境应力性能下降。

示例：某企业某牌号 HDPE 粉料的主要质量指标如表 2-6 所列。

表 2-6　某企业某牌号 HDPE 粉料的主要质量指标

主要质量指标	数值
熔体流动速率(2.16 kg)/[g·(10 min)$^{-1}$]	8.5±1.7
密度/(g·cm^{-3})	0.961±0.002
拉伸屈服应力/MPa	≥27
拉伸断裂应力/MPa	≥15
拉伸断裂应变	≥800%
弯曲模量/MPa	≥1100

4. 聚乙烯的主要用途

聚乙烯制品的主要用途如表 2-7 所列。

表 2-7　聚乙烯制品的主要用途

加工方法	塑料制品	可选择树脂原料	加工方法	塑料制品	可选择树脂原料
挤出成型	吹塑薄膜	LDPE，HDPE，LLDPE	注塑成型	日用品	LDPE，LLDPE，HDPE
	流延薄膜	LDPE		家用器皿	LDPE，LLDPE，HDPE
	土工膜	LLDPE，HDPE		容器盖	LDPE，LLDPE，HDPE
	挤出管材	LLDPE，HDPE		工业容器	LLDPE，HDPE
	电线电缆	LDPE，LLDPE，HDPE		玩具	LDPE，LLDPE，HDPE
	挤出涂层	LDPE		汽车零部件	HDPE
	挤出片材	LDPE，LLDPE，HDPE	吹塑成型	容器	LDPE，HDPE
滚塑成型	农药、化学品容器	LDPE，LLDPE		医用材料	LDPE，HDPE
中空成型	容器	LLDPE，HDPE	注塑成型	纤维、丝	HDPE，LLDPE

子任务一　聚乙烯生产原理

【任务介绍】

依据单体乙烯的结构特征，从理论上分析判断合成低密度、线性低密度及高密度聚乙烯所遵循的聚合机理；生产上如何选择合适的引发剂；可采用什么方法控制聚合反应速率及产物的相对分子质量。

【相关知识】

乙烯的聚合反应可以按自由基或配位聚合反应机理进行。聚合反应式可表示如下：

$$nH_2C{=}CH_2 \longrightarrow \left[CH_2{-}CH_2\right]_n$$

一、单体的性质及来源

乙烯是结构最简单的烯烃，常温常压下是无色略有甜味的可燃性气体，比空气的密度略小，难溶于水，易溶于四氯化碳等有机溶剂。其化学性质活泼，与空气混合能形成爆炸性混合物，应注意贮存和工作区域的通风，远离火源，并应采取预防措施防止静电积聚。乙烯引起的火灾可以采取常规的灭火方法（如使用水、干粉）。乙烯是石油化工的一种基本原料，其产量是衡量一个国家石油化工发展水平的重要标志之一。

在工业上，乙烯主要是从液化天然气、液化石油气、石脑油、轻柴油、重油等经裂解产生的裂解气中分出，也可以由焦炉煤气分出，还可以由乙醇催化脱水制得。

二、低密度聚乙烯自由基型聚合反应机理

低密度聚乙烯是乙烯在高温高压下，按自由基型聚合反应机理进行聚合而得。由于反应压力高，又称高压聚乙烯。聚合反应温度高，很容易发生向大分子的链转移反应，所得产物为带有较多长支链和短支链的线型大分子。由于支链较多，采用高压法得到的聚乙烯产物的密度较小、结晶度低。

三、线性低密度聚乙烯配位聚合反应机理

线性低密度聚乙烯是乙烯和少量α-烯烃作为共聚单体在低压、高效齐格勒-纳塔引发剂作用下，按配位聚合反应机理进行聚合而得。这类聚乙烯分子的支链是由α-烯烃共聚单体在与乙烯共聚时引入主链上的，支链的数目及长短取决于共聚单体的链长及加入量。其聚合反应机理与高密度聚乙烯的聚合反应机理相同。

四、高密度聚乙烯配位聚合反应机理

高密度聚乙烯是乙烯在低压下，按配位聚合反应机理进行聚合而得。所得产物主链上支链少而短，密度较高，结晶度高。相对低密度聚乙烯而言，由于反应压力低，因此

又称低压聚乙烯。在生产中可采用不同类型的引发剂（如铬、齐格勒-纳塔催化剂等），由于引发剂类型不同，聚合反应机理也稍有不同。

乙烯除了会发生均聚反应外，还可以与其他单体发生共聚反应。乙烯聚合的共聚单体可以是1-己烯或1-丁烯，其加入量依据产品的不同牌号而定。对于共聚产品，由于共聚单体的插入导致短支链的形成，增加了整个树脂的无定形含量，从而降低了密度，控制聚乙烯树脂密度的主要参数是共聚单体含量。

子任务二 低密度聚乙烯生产工艺

【任务介绍】

依据低密度聚乙烯生产原理特征，正确分析生产低密度聚乙烯需要的原料及其各自的作用及规格；能正确分析聚合用设备特点及影响乙烯聚合的主要因素；理解并掌握主要岗位的工作任务及操作要点；识读低密度聚乙烯装置的生产工艺流程图。

【相关知识】

一、低密度聚乙烯的生产工艺

1. 生产低密度聚乙烯的方法

低密度聚乙烯的生产主要采用气相本体聚合法，按照所用的聚合设备的不同，可分为高压管式法和高压釜式法两种。

（1）高压管式法。管式法生产低密度聚乙烯采用长径比大于12000∶1的管式反应器，其内径为2.5~8.2 cm，长0.5~2.0 km，以氧或过氧化物作为引发剂。聚合压力为260~330 MPa，聚合温度为270~320 ℃。聚合反应时间短，一般为1~5 min，单程转化率较高。管式反应器结构简单、传热面大，物料在管内呈柱塞状流动，无返混现象，反应温度沿管长度变化，存在温度的最高值，所得LDPE树脂分子量分布较宽、长支链较少、光学性能好，适宜制作透明的包装薄膜。其主要缺点是易出现聚合物粘管壁而导致堵塞的现象。

（2）高压釜式法。釜式法生产低密度聚乙烯大都采用有机过氧化物为引发剂，反应压力及温度均较管式法低，聚合压力为110~250 MPa，聚合温度为110~280 ℃。聚合反应时间短，一般为15~120 s，单程转化率较低。釜式反应器内物料混合均匀，通过连续高速搅拌和夹套冷却移出部分反应热量，同时靠连续通入冷乙烯和连续排出热物料的方法加以调节，保证反应温度均匀。高压釜式法生产流程简短，工艺较易控制。其主要缺点是反应器结构较复杂、搅拌器的设计与安装较困难且容易发生机械损坏、聚合物易黏釜。釜式法生产的LDPE树脂长支链支化程度较高，由于长支链影响聚合物的分子量分布、改善流变性能（如溶液黏度、黏弹性能等），树脂易于加工，因此常用作挤压涂层和高强度的工业用重包装膜。

由于超高压设备的制造能力和安装技术都受到一定限制，因此生产能力大的装置采用高压管式法，生产专用牌号装置多选择高压釜式法。

2. 生产低密度聚乙烯典型工艺技术

聚乙烯生产工艺技术领域一直是多种工艺并存的。除聚合反应外，釜式法和管式法的工艺步骤基本相似。

低密度聚乙烯生产的典型工艺技术如表 2-8 所列。

表 2-8 低密度聚乙烯生产的典型工艺技术

生产工艺	典型工艺技术	备注
高压管式法	Lyondell Basell 公司的 Lupotech T 工艺	国内采用
	DSM 公司的清洁管式（CTR）工艺	
	三菱油化的管式工艺	
	Quantum 公司的管式工艺	
	Exxon MObil 公司的管式工艺	
高压釜式法	Enichem 公司的釜式工艺	
	ICI 公司的釜式工艺	
	住友化学的釜式工艺	国内采用
	Lyondell Basell 公司的 Lupotech A 工艺	
	Exxon Mobil 公司的釜式工艺	

本任务以 Lyondell Basell 公司的 Lupotech T 高压管式工艺为例，介绍低密度聚乙烯生产工艺。

二、聚合反应设备

Lyondell Basell 公司 Lupotech T 高压管式工艺采用管式聚合反应器。其结构比较简单，属于连续流动式的反应器，由单根连续管或一根以上的管子平行排列而成，一般用于处理黏度较高的均相反应物料。生产时，原料从管的一端连续送入，在管内完成升温、加压及反应，产物和未反应的单体从反应器另一端连续排出。管式聚合反应器的结构简单（见图 2-18），单位体积所具有的传热面积较大。管式聚合反应器有直管式、多管式、盘管式、环管式等多种形式。

三、低密度聚乙烯生产主要原料

1. 主要原料

（1）单体。聚合级乙烯单体的纯度要求在 99.9%以上，如果杂质含量多，则聚合速率缓慢，产物相对分子质量低。生产中应主要控制对产品影响大的乙炔和一氧化碳的含量。因乙烯在高压聚合时的单程转化率较低（20%~35%），所以大量的乙烯单体需要回收后循环使用，循环乙烯中存在的杂质主要是不易参加反应的惰性气体（如氮气、甲烷、乙烷等)，需要返回乙烯精制岗位进行精制。

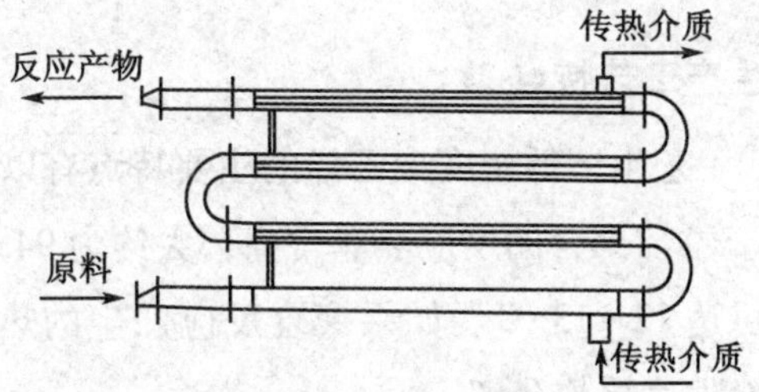

图 2-18　管式聚合反应器结构示意图

(2) 共聚单体。乙烯高压聚合常采用醋酸乙烯酯作为共聚单体，通过反应得到的共聚产物中醋酸乙烯酯的含量为 10%左右。产物长支链少，耐环境应力开裂性、柔软性、热稳定性、透明性优异，透气性低，印刷性好，对人体无害。

(3) 相对分子质量调节剂。在工业生产中，为了控制聚合产物的熔融指数，必须加入适量的相对分子质量调节剂。常用的相对分子质量调节剂有烷烃（丙烷、丁烷、己烷等)、烯烃（丙烯、异丁烯)、氢气、丙酮及丙醛等。用于乙烯高压聚合链转移能力较大的是氢气、丙醛、丙酮和丙烯，但氢气在反应温度高于 170 ℃时很不稳定，因而应用较广的是丙醛、丙酮和丙烯，但对它们的纯度也有一定的要求。相对分子质量调节剂的种类和用量要根据聚乙烯产品牌号的不同而不同。

2. 引发剂

乙烯高压聚合时需要加入一定量的自由基引发剂。20 世纪 70 年代以前，大多采用氧作引发剂；到了 20 世纪 70 年代后期，随着装置的大型化及生产能力的提高，开始逐渐采用有机过氧化物引发剂及高效引发剂（低温、高温引发剂混合)，提高了单体乙烯的转化率及产物的相对分子质量。目前，只有少数高压管式法采用氧作引发剂，釜式反应器已全部用有机过氧化物作引发剂。近年来，茂金属引发剂也在高压管式法工艺上进行了商业化生产。氧在高温下作为乙烯聚合用引发剂，但在低温下（低于 200 ℃)，它是乙烯聚合的阻聚剂，可用少量的氧气作为乙烯在压缩系统或回收系统不发生聚合的抑制剂。工业上常见的过氧化物引发剂是过氧化二叔丁基、过氧化十二烷酰、过氧化苯甲酸叔丁酯等。

3. 添加剂

在贮存、运输及后加工过程中，为了减少或延缓由于受到机械力、热、氧、光等作用而破坏树脂的原有性能，在树脂造粒过程中必须按工艺要求加入一定比例的不同品种的助剂（塑料成型加工中称为添加剂)，如抗氧剂、防紫外线剂、润滑剂、抗静电剂等。常见的工业用聚乙烯添加剂有 4-甲基-2,6-二叔丁基苯酚（抗氧剂，可用作食品包装薄膜生产)、油酸酰胺或硬脂酸胺（润滑剂)、硅胶或铝胶（开口剂)、环氧乙烷与长链脂肪族胺（抗静电剂）等。工业上添加剂的种类与用量要根据聚乙烯产品牌号和用途来确定。

四、低密度聚乙烯生产工艺特点

Lupotech T 高压管式工艺生产低密度聚乙烯的主要特点有以下几个方面。

（1）聚合反应热大。乙烯聚合的反应热非常高，大约为 94.1 kJ/mol。每 1%的乙烯转变为聚合物，温升就可达 12～13 ℃。如果聚合反应产生的热量不能被及时移出，当超过 350 ℃时，乙烯就会发生爆炸分解。

（2）单体转化率低。乙烯高压聚合时，单体的转化率通常为 20%～35%，大量的乙烯必须回收循环使用。管式反应器单体的转化率高于釜式反应器单体的转化率。

（3）产物相对分子质量小、分布宽。乙烯高压聚合单体的转化率低，链终止反应很容易发生，因此，得到聚合产物的相对分子质量小。提高压力可以使链增长反应速率高于链终止反应速率，但高温高压条件同样容易发生链转移反应，乙烯的转化率越高、停留时间越长，则长链支化越多，分子量分布宽度变大，产品的加工性能较差。

（4）多点注入引发剂，提高转化率。目前，生产中实施将引发剂多点（四点）注入管式反应器，可以提高单程转化率。

（5）产品牌号多，应用广。Lupotech T 高压管式工艺可获得熔融指数和密度的范围较宽的系列产品，也可生产改性共聚物。其产品应用范围广，如薄膜制品、注塑制品、吹塑制品、电线电缆与钢管的包覆层、板材与型材等。

五、生产低密度聚乙烯的主要岗位

Lupotech T 高压管式工艺主要生产岗位有原料精制，引发剂配制，聚合反应，产物分离、单体回收，挤压造粒，粒料脱气、贮存、包装，等等。

1. 原料精制

① 岗位主要任务。负责新鲜、循环乙烯精制，纯度大于 99.9%。

② 操作要点。新鲜乙烯中的主要杂质为微量氧、一氧化碳、二氧化碳、乙炔、水、甲烷、乙烷、硫化物等，它们易引起反应速率下降和降低产物抗氧化能力、介电性能等。循环乙烯中的主要杂质为氮气、甲烷、乙烷等惰性杂质，可通过多次循环后用气体放空或返回精制达到聚合级要求。

2. 引发剂配制

① 岗位主要任务。负责为聚合反应提供有机过氧化物溶液。

② 操作要点。根据不同产品牌号，选用不同的有机过氧化物配方。有机过氧化物按配方与白油混合后分别进入四个带有搅拌器的过氧化物注入罐，然后经注入泵升压后，四点注入反应系统的四个反应区。为了防止过氧化物的分解，主要的设备和配管都要用冷介质进行伴冷和氮封。

3. 聚合反应

（1）一次压缩。

① 岗位主要任务。负责将新鲜乙烯和循环乙烯进行预压缩。

② 操作要点。将新鲜乙烯（3.0～3.3 MPa）与低压循环乙烯（0.02～0.05 MPa）经一次压缩机（六段压缩）升压至25～30 MPa。在一次压缩机入口、出口，注入相对分子质量调节剂（丙烯或丙醛），用来控制产品的相对分子质量，以得到所要求的产品性能。

（2）二次压缩。

① 岗位主要任务。负责进行第二次压缩，升压达到聚合反应状态。

② 操作要点。乙烯与相对分子质量调节剂的混合气与高压循环乙烯一起经二次压缩机（二段压缩）被进一步压缩至260～300 MPa。

（3）反应器操作。

① 岗位主要任务。气态乙烯在管式反应器内完成聚合反应。

② 操作要点。聚合反应过程由预热器、管式反应器（四个反应区）和后冷器组成。其中，管式反应器类似于一个套管式换热器，由于乙烯聚合是放热反应，可通过添加一定浓度的引发剂及夹套循环水来控制温度。

（4）反应条件控制。

① 岗位主要任务。将反应温度、压力自动控制在恒定的条件下进行。

② 操作要点。反应温度为270～310 ℃，操作压力为260～300 MPa。生产不同牌号的产品由反应压力和温度、分子量调节剂及引发剂的浓度配比和注入量决定。产物为熔融聚合物。

4. 产物分离、单体回收

① 岗位主要任务。负责将生成的聚合物与未反应的气体进行分离。

② 操作要点。从反应器后冷却系统出来的物料进入高压产品分离器，将熔融聚合物从未反应的乙烯中分离出来。未反应乙烯返回二次压缩机入口。聚合物和剩余未反应的乙烯进入低压产品分离器，再次进行降压、分离，未反应乙烯返回一次压缩机。

5. 挤压造粒

① 岗位主要任务。负责熔融聚合物的挤出造粒、粒水分离、粒料输送。

② 操作要点。熔融的LDPE树脂从低压产品分离器分离后进入挤出机挤压造粒。可根据生产的产品牌号掺混爽滑剂、开口剂和抗氧剂等添加剂。

6. 粒料脱气、贮存、包装

① 岗位主要任务。负责进一步脱出粒状树脂中的乙烯。

② 操作要点。经挤出机挤压、造粒后，产品LDPE树脂颗粒中仍含有微量乙烯，送入脱气罐中脱气，将残留的烃类从产品颗粒中脱除。通过风送系统将LDPE粒料产品输

送到产品料仓中，然后送去包装。

六、低密度聚乙烯生产工艺流程

低密度聚乙烯生产工艺流程示意图如图 2-19 所示。

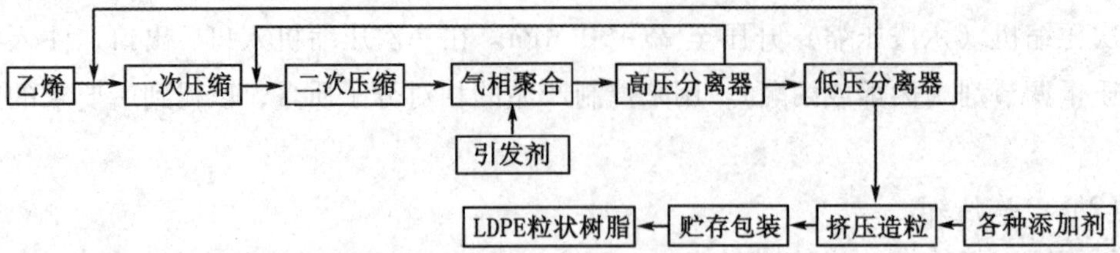

图 2-19 低密度聚乙烯生产工艺流程示意图

七、低密度聚乙烯装置生产工艺流程

Lupotech T 高压管式工艺流程示意图如图 2-20 所示。

界区来的聚合级乙烯经新鲜乙烯加热器后进入一次压缩机第四段吸入口，低压循环乙烯进入一次压缩机的增压段（一次压缩机的一段、二段和三段）进行压缩，升压至 3 MPa左右，与新鲜乙烯共同进入四段入口，经一次压缩机，升压至 25~30 MPa。分子量调节剂丙醛经缓冲罐用泵送到一次压缩机的一段出口；分子量调节剂丙烯先经加热器汽化，然后经缓冲罐进入一次压缩机的一段入口。

经一次压缩的乙烯与丙醛（或丙烯）的混合气与高压循环系统的循环乙烯一起通过二次压缩机被进一步压缩至 260~300 MPa，送入反应器预热器，使排出的乙烯混合气进一步加热到反应温度，再送到高压管式反应器，共有四个反应区，将有机过氧化物引发剂四点注入，引发聚合反应。

从反应器后冷却系统出来的物料进入高压产品分离罐（操作压力约 30 MPa），分离出聚合物和未反应的乙烯。未反应的乙烯通过高压循环系统一系列的冷却器、分离器冷却分离后，循环返回二次压缩机入口。熔融聚合物和剩余未转化的乙烯一同进入低压产品分离罐（操作压力为 0.03~0.08 MPa）再次降压和分离，分离出来的未反应乙烯经低压循环冷却分离后进入一次压缩机的增压段入口，熔融的聚乙烯从低压产品分离器进入挤出机。

从低压产品分离器来的熔融的聚乙烯树脂（温度为 220~240 ℃），加入一定量添加剂，经挤出机被送到水下切粒机造粒，颗粒被水冷却后输送到颗粒干燥器中，干燥后的聚乙烯树脂颗粒由气力输送系统输送到脱气仓，在脱气仓内，颗粒中单体的含量被降低到安全值，脱气后的 LDPE 粒料产品输送到产品料仓中，送去包装。

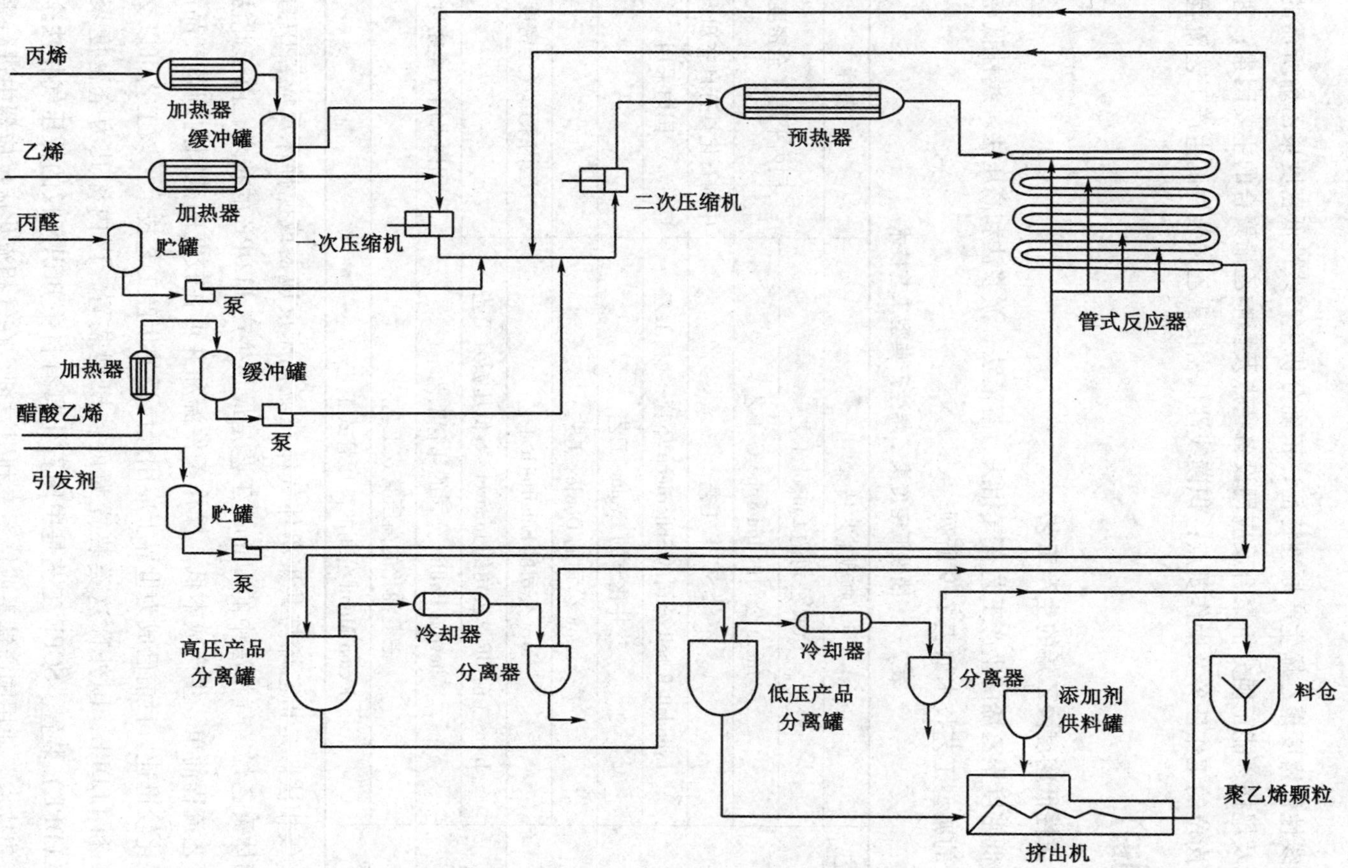

图2–20 Lupotech T高压管式工艺流程示意图

子任务三　线性低密度聚乙烯生产工艺

【任务介绍】

依据线性低密度聚乙烯生产原理特征，正确分析生产线性低密度聚乙烯所需的原料及其作用及规格；能正确分析聚合反应用设备特点及影响乙烯聚合的主要因素；理解并掌握主要岗位的工作任务及操作要点；识读线性低密度聚乙烯装置的生产工艺流程图。

【相关知识】

一、线性低密度聚乙烯的生产工艺

线性低密度聚乙烯的生产工艺有气相法、溶液法、淤浆法和高压法。线性低密度聚乙烯生产的典型工艺技术如表2-9所列。

表2-9　线性低密度聚乙烯生产典型工艺技术

<table>
<tr><th>生产工艺</th><th>典型工艺技术</th><th>备注</th></tr>
<tr><td rowspan="5">气相法</td><td>UCC公司的Unipol工艺</td><td rowspan="2">国内采用（全密度）</td></tr>
<tr><td>Ineos公司的Innovene G工艺</td></tr>
<tr><td>SGPE工艺</td><td>中国石化具有自主知识产权</td></tr>
<tr><td>Lyondell Basell公司的Spherilene环管-气相工艺</td><td>国内采用</td></tr>
<tr><td>三井化学的Evolue工艺</td><td></td></tr>
<tr><td rowspan="2">溶液法</td><td>Dow公司的Dowlex工艺</td><td></td></tr>
<tr><td>Nova公司的Sclairtech工艺</td><td>国内采用（全密度）</td></tr>
<tr><td rowspan="2">淤浆法</td><td>Ineos（前BP）公司的Innovene S低压淤浆工艺</td><td></td></tr>
<tr><td>Chevron Phillip公司的环管工艺</td><td>国内采用（全密度）</td></tr>
<tr><td rowspan="2">高压法</td><td>三菱油化的高压管式工艺</td><td></td></tr>
<tr><td>Exxon Mobil公司的高压管式工艺</td><td></td></tr>
</table>

（1）气相法。是指乙烯与共聚单体气体在流化床反应器或搅拌床反应器中直接聚合生产固体聚乙烯。气相法中的Unipol工艺是最早生产LLDPE的技术，由于此法不用溶剂、工艺流程简单、生产成本低、操作条件温和并可在较宽的范围内调节产品品种，因此发展比较迅速，目前已成为世界上应用最广泛的生产工艺技术。该工艺可以交替生产HDPE和LLDPE，国外称这类装置为可转换型装置，国内称其为全密度聚乙烯（HDPE/LLDPE）装置。SGPE工艺是中国石化具有自主知识产权的低压气相法全密度聚乙烯工艺技术，使用国产钛系或铬系专利引发剂，在气相流化床反应器中进行聚合反应，可生产高、中、低密度的聚乙烯树脂。

（2）溶液法。是指将乙烯溶于溶剂中进行，生产工艺对原料纯度要求较低，因采用溶剂，所以反应稳定，反应器不易结垢且反应停留时间短、聚合反应速率快、产品切换时间短、乙烯单程转化率高，也可生产全密度聚乙烯。但由于存在溶剂，因此工艺流程长、能耗大、设备多、生产成本高。

(3) 淤浆法。采用此类工艺生产的聚合物悬浮于稀释剂中，生产中压力和温度较低。淤浆法分为环管法和釜式法，环管法可生产 HDPE 和 LLDPE，釜式法只能生产 HDPE。

(4) 高压法。这种方法的建设投资和能耗高，工业上很少采用。

Unipol、Innovene G 及 SGPE 工艺流程相似，均采用气相流化床反应器。这里仅以比较典型的 UCC 公司的 Unipol 工艺为例，介绍线性低密度聚乙烯生产工艺。

二、聚合反应设备

UCC 公司的 Unipol 工艺采用气相流化床反应器。如图 2-21 所示，流化床聚合反应器是一种垂直圆筒形或圆锥形容器，内装引发剂或参与反应的细小固体颗粒，生产时原料从反应器底部进入，聚合产物从顶部引出。这类反应器内的流体流速应控制在固体颗粒在流动中浮动而不至于从系统中被带出，颗粒床就像液体沸腾一样，因此传热效果好、温度均匀且容易控制，但引发剂磨损大、床内物料返混大、单体转化率较低。由于此工艺具有工艺流程简单的优势，故使用日趋普遍。它主要用在低压聚乙烯及聚丙烯生产中。

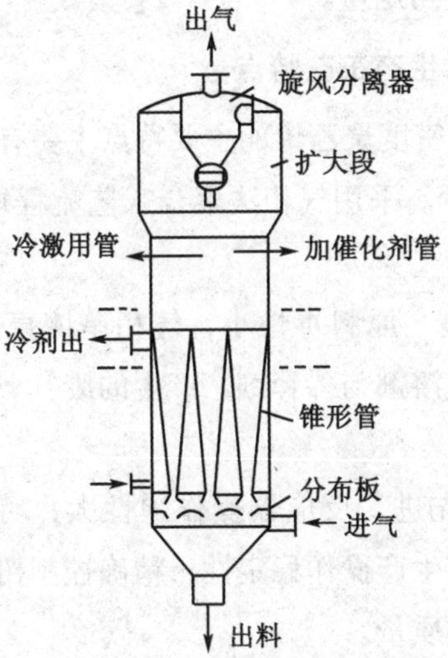

图 2-21　烯烃气相聚合用流化床反应器示意图

三、生产线性低密度聚乙烯的主要用料

1. 主要原料

(1) 单体。聚合级乙烯单体的纯度要求在 99.9%以上，杂质会降低引发剂的活性，

也会影响产品质量。含有的主要杂质有乙炔、一氧化碳、二氧化碳、氧、水等。

（2）共聚单体。采用1-丁烯和1-己烯为共聚单体，共聚单体的加入量主要影响产品LLDPE树脂的短支链的长度。

（3）相对分子质量调节剂。乙烯低压聚合反应温度较低，可采用氢气作为相对分子质量调节剂（也称链转移剂），用于调节树脂的熔融指数。

2. 催化剂

生产中可根据需要选择使用齐格勒-纳塔（钛系）、铬系和茂金属体系的固体或淤浆两种状态的引发剂（工业上常称为催化剂）。可选催化剂品种多，可生产全密度聚乙烯树脂。

3. 冷凝助剂

异戊烷在常温常压下是无色带有特殊气味的易燃液体，沸点低（为27.8 ℃），主要是应用于发泡剂、制冷剂及低压聚乙烯气相工艺中的冷凝剂。其应用在乙烯低压聚合生产工艺中，使冷凝液夹带在气流中进入反应器，冷凝液进入反应器后迅速蒸发，不扰乱流化床的温度，极大地提高了反应器的撤热能力。利用异戊烷的相变吸收反应器中大量的反应热，从而在同样负荷的情况下减少循环水的用量。

4. 添加剂

与低密度聚乙烯用添加剂相似，工业上，依据产品牌号和用途来选用生产线性低密度聚乙烯所需添加剂的种类与用量。

四、线性低密度聚乙烯生产工艺特点

Unipol工艺生产线性低密度聚乙烯的主要特点主要有以下几点。

（1）工艺简单，投资少。采用气相法聚合工艺流程短、占地面积小，可减少操作、维修和建设等费用。

（2）原料少，安全性高。原料毒性小，气相单体直接转化为干燥流动的粉状聚合产物，无须提纯和回收反应溶剂与稀释剂，产生的废气、废液少，对环境影响很小，符合环保、健康、安全要求。

（3）工艺成熟，技术先进。反应器操作弹性大，可实现冷凝态工艺，提高产能；自动化控制水平高，可提升生产操作稳定性，精确控制树脂质量，调整产率；可自动进行产品牌号切换，保证产品质量。

（4）产品牌号多。只用单一的反应器，通过改变反应器温度、原料组成及催化剂即可生产出多种密度、熔融指数及分子量分布的产品。

五、线性低密度聚乙烯生产的主要岗位

Unipol工艺主要生产岗位有原料精制与进料、催化剂配制、气相聚合反应、挤压造粒、掺混风送、贮存包装等。

1. 原料精制

(1) 乙烯精制。

① 岗位主要任务。负责原料乙烯的精制，达到聚合级质量要求。

② 操作要点。由乙烯装置来的乙烯（一定压力）中主要含有的杂质有乙炔、氧、一氧化碳、二氧化碳、水等。这些杂质易引起催化剂失活，使聚合反应速率下降，需精制后供反应系统使用。

(2) 共聚单体精制。

① 岗位主要任务。负责为聚合反应单元提供共聚用单体。

② 操作要点。共聚用单体 1-丁烯和 1-己烯中含有的氧、一氧化碳、二氧化碳、水、乙醇等杂质同样会造成催化剂的失活，因此需将这些杂质除去，以使单体达到聚合级质量要求，供反应系统使用。

(3) 氢气精制。

① 岗位主要任务。负责为聚合反应提供分子量调节剂。

② 操作要点。氢气除去氧、水等杂质后，经加压后供反应系统使用。

(4) 异戊烷精制。

① 岗位主要任务。负责为聚合反应单元提供冷凝助剂。

② 操作要点。异戊烷先除去轻组分、水、乙醇等，升压后供反应系统使用，其中一部分用于催化剂的配制，另一部分作为冷凝剂供反应器使用。

2. 氮气精制与压缩

① 岗位主要任务。负责为整个装置提供高、低压精制氮气及密封氮气。

② 操作要点。氮气除去氧、一氧化碳、水、二氧化碳等杂质后，经氮气压缩机增压供整个装置使用。

3. 催化剂配制

① 岗位主要任务。负责为聚合反应提供各种类型的催化剂。

② 操作要点。

❖钛系催化剂。主要包括主催化剂、助催化剂（三乙基铝），用于生产 LLDPE 和 HDPE。

❖铬系催化剂。主要用于生产 HDPE。

❖茂金属催化剂。

4. 聚合反应

(1) 反应器进料。

① 岗位主要任务。负责将反应气（乙烯、1-丁烯或1-己烯、氢气）、催化剂、冷凝剂引入流化床反应器。

② 操作要点。

❖反应气经压缩机升压后从反应器底部进入，通过分布板使反应器内的树脂床成为流化状态。

❖聚合用催化剂经催化剂加料器连续加入反应器内的分布板上部。

（2）反应器操作。

① 岗位主要任务。负责气态乙烯在流化床反应器内完成聚合反应。

② 操作要点。

❖反应回路由反应器、循环气冷却器和循环气压缩机构成。

❖流化床反应器是一个带裙座的圆筒形容器，顶部的扩大段用于气体与固体粉料分离。分布板用以支撑聚合物粉料，使气体从床层底部均匀进入流化床反应器。

❖循环气冷却器通常使用单程列管换热器，循环气走管程，调温冷却水逆向走壳程。

❖循环气压缩机通常使用单级、恒速离心式压缩机，循环流量由压缩机入口处的导向叶片控制。

（3）反应质量控制。

① 岗位主要任务。负责将反应温度、压力自动控制在恒定的条件下。

② 操作要点。

❖反应温度为80~110 ℃，操作压力为2.0~2.5 MPa，单程转化率为3%~4%。

❖质量指标为密度、熔融指数。

❖反应条件控制。共聚单体和氢气加入量由循环气组成调节，乙烯加入量用反应器的压力控制来调节，助催化剂量与乙烯加入量成正比，反应器内床层温度由冷凝剂、循环冷却水控制。

❖产物为白色粉末。

（4）反应终止系统。

① 岗位主要任务。负责使聚合反应部分或完全停止。

② 操作要点。使用CO为终止剂。操作时，将其注入循环气管线，使催化剂部分或完全失活以控制聚合反应速率。聚合终止系统由装有终止剂CO的钢瓶、输送管道系统和排放系统组成。CO是一种无色、无味的高毒气体，当吸入量超过一定值时会导致死亡。因此，在装卸时，必须佩戴手套及专用气体面罩。

5. 树脂脱气

① 岗位主要任务。负责将聚乙烯粉料中的气体脱出，送挤压造粒。

② 操作要点。在脱气仓中，利用低压精制氮气将聚合反应得到的聚乙烯粉料中的烃类（主要是乙烯、1-丁烯或1-己烯、异戊烷）带走。脱气仓是一个高大的圆筒形容器，粉料自顶部进入、底部流出，氮气以一定速度逆流经过脱气仓。通过料位控制，保证树脂在脱气仓内有一定停留时间。

6. 掺混、贮存、包装

① 岗位主要任务。负责将粒料树脂掺混、贮存、包装。

② 操作要点。将 LLDPE 粒料产品输送到掺混料仓中，使不同批次的粒料熔融指数趋于均一化，然后送去产品贮存料仓，经包装机包装后出厂。

7. 挤压造粒

① 岗位主要任务。负责将粉料树脂熔融后生成粒料树脂。

② 操作要点。脱气后的合格粉料树脂和添加剂（根据产品牌号要求）经螺旋输送器送入挤出机，在挤出机中熔融并混合，从模板成束状出料，经水下切粒机切成粒状。合格的粒料进入干燥器除去水分后，送入料仓。

六、线性低密度聚乙烯装置生产工艺流程

线性低密度聚乙烯 Unipol 工艺流程图如图 2-22 所示。

来自界区外的乙烯经乙烯加热器加热，进入乙烯脱炔器通过加氢反应脱除微量的乙炔，再经脱一氧化碳器、脱氧器脱除乙烯中的 CO 和 O_2后冷却至 40 ℃，进入分子筛干燥器除微量水分、甲醇、丙酮等杂质，净化后的乙烯送反应系统。乙烯精制系统中的各精制床均须用热氮气进行定期再生。

界区来的氢气经脱氧预热器预热后，进入氢气脱氧器脱除微量氧，再经干燥器脱除微量水分后，送去反应系统以及供乙烯脱炔、脱氧床再生用。

从界区外输送到装置的氮气分两路进入系统，一部分直接送到各单元，主要用于反吹、氮封、置换、压料；另一部分经预热器预热后进入氮气脱氧器脱除微量氧，冷却至常温后进入氮气干燥器脱除水分后进入氮气增压机升压，冷却至 40 ℃再进入氮气缓冲罐。主要供反应系统使用，部分用于催化剂床层再生。

来自界区外的异戊烷进入异戊烷贮罐，经干燥器脱除异戊烷中的水分后送至异戊烷脱气塔，脱除 O_2，CO，CO_2等轻组分后，经冷却器冷却至 40 ℃，再由加料泵升压，经干燥后作为冷凝剂。主要供反应器使用，部分用于催化剂配制。

将来自界区外的共聚单体 1-丁烯（1-己烯）送入丁烯贮罐，经输送泵送入共聚单体脱气塔中，脱除微量的 O_2、CO 和 CO_2，用冷却器冷却至 40 ℃，用泵升压后，经分子筛干燥器（可用热氮气再生）脱除水分和甲醇等杂质后，送去反应系统。

助催化剂三乙基铝由氮气压入加料罐，经隔膜式计量泵泵入反应系统。

主催化剂按照产品牌号选择不同类型，经制备后用氮气送至催化剂贮罐，再用高压氮气经催化剂加料器连续、定量地加入反应器。

聚合反应在流化床反应器中进行，反应气由反应器底部进入，通过分布板使反应器内的树脂床成为流化状态。催化剂连续加入反应器内分布板上部，在反应器内乙烯与共聚单体发生聚合反应，生成粉状聚乙烯树脂。未反应的反应气在反应器上部扩大段与树脂细粉分离，从反应器顶部流出，与新鲜的乙烯、氢气、氮气混合后一起进入循环气压缩机增压，经循环气冷却器后，与新加入的共聚单体、三乙基铝混合后从反应器底部进入反应，构成反应循环。循环气在循环冷却器是走管程，用冷却水冷却。

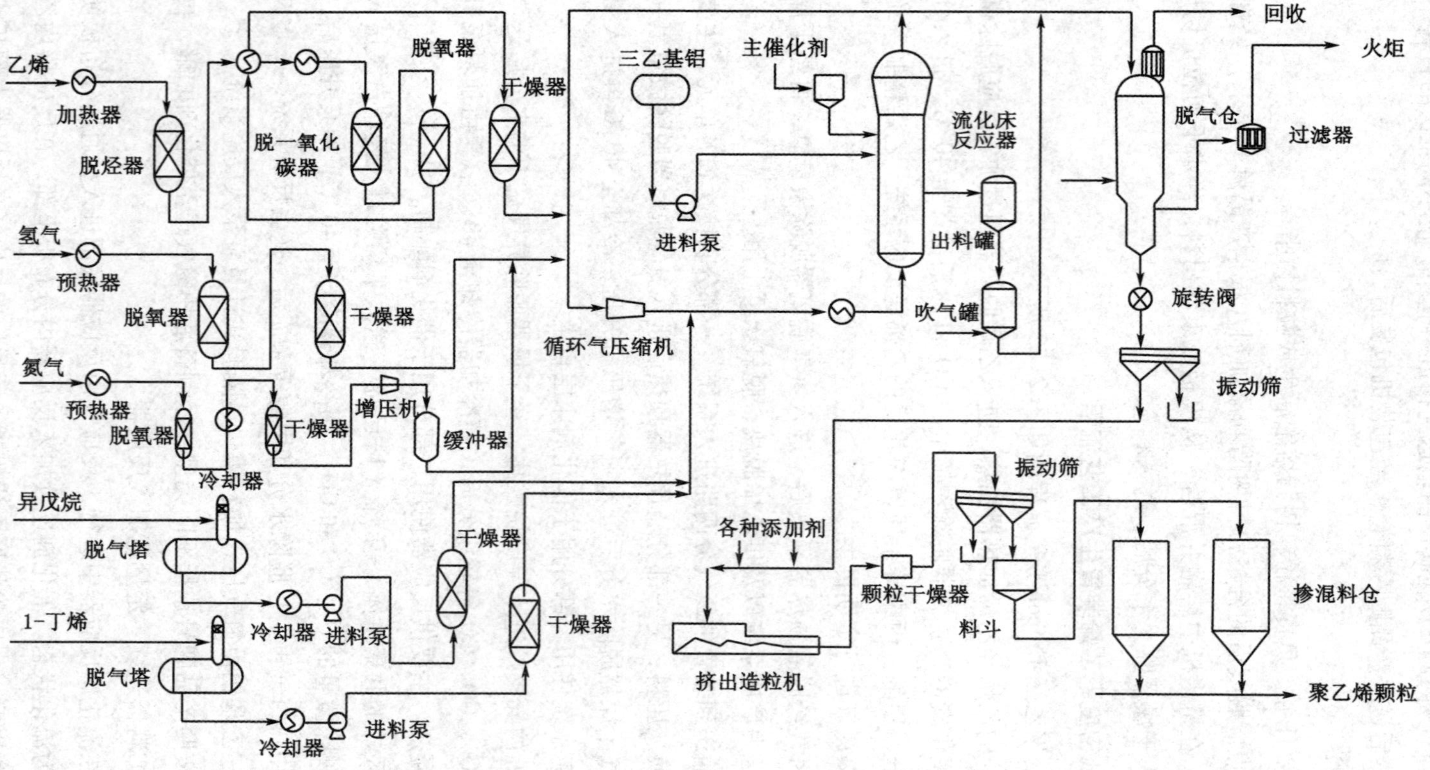

图2-22　线性低密度聚乙烯Unipol工艺流程图

粉状的聚乙烯在反应器中积累到一定床层高度，由产品排出系统自动排料，进入产品脱气仓，用净化氮气将树脂中的烃（主要是乙烯、共聚单体 1-丁烯或 1-己烯及冷凝剂异戊烷）脱除，并回收其中的丁烯和异戊烷，将其送回反应。

脱气后的粉料树脂由旋转加料器下料，加入各种添加剂后一同进入连续挤压机中熔融、混合后送往熔融泵，经熔融筛脱除杂质后，从模板成束状出料，在水下切粒机中被高速旋转的切刀切成粒状，合格的粒料进入离心式干燥器除去粒料中的水分，干燥后的树脂送到分级筛筛分，除去不合格颗粒，合格的粒料送到掺混仓进行均化后，将合格产品送入产品料仓，经计量后包装、贮存。

子任务四　高密度聚乙烯生产工艺

【任务介绍】

依据高密度聚乙烯生产原理特征，正确分析生产高密度聚乙烯所需原料及其作用和规格；正确分析聚合反应用设备特点及影响乙烯聚合的主要因素；理解并掌握高密度聚乙烯主要生产岗位的工作任务及操作要点；识读高密度聚乙烯装置的生产工艺流程图。

【相关知识】

一、高密度聚乙烯的生产工艺

高密度聚乙烯的生产工艺与线性低密度聚乙烯的生产工艺相似，主要有淤浆法、气相法和溶液法三种生产工艺。采用气相法生产两者的流程基本相同，主要区别是专利来源不同，采用的催化剂和反应条件略有差异。这三种方法也可用来生产超高分子量聚乙烯。

高密度聚乙烯生产典型工艺技术如表 2-10 所列。

表 2-10　高密度聚乙烯生产典型工艺技术

<table>
<tr><th colspan="2">生产工艺</th><th>典型工艺技术</th><th>备注</th></tr>
<tr><td rowspan="6">淤浆法</td><td rowspan="3">环管法</td><td>Chevron Phillips 工艺</td><td rowspan="3">国内采用</td></tr>
<tr><td>Ineos 公司的 Innovene S 工艺</td></tr>
<tr><td>Borealis 公司的 Borstar 环管-气相工艺</td></tr>
<tr><td rowspan="3">釜式法</td><td>Lyondell Basell 公司的 Hostalen 工艺</td><td rowspan="3">国内采用</td></tr>
<tr><td>三井油化的 CX 工艺</td></tr>
<tr><td>Equistar-Maruzen 工艺</td></tr>
<tr><td colspan="2" rowspan="3">气相法</td><td>Lyondell Basell 公司的 Spherilene 环管-气相工艺</td><td rowspan="3">国内采用的（全密度）</td></tr>
<tr><td>UCC 公司的 Unipol 工艺</td></tr>
<tr><td>Ineos 公司的 Innovene G 工艺</td></tr>
</table>

表2-10(续)

生产工艺	典型工艺技术	备注
溶液法	Nova 公司的 Sclairtech 工艺	国内采用
	Dow 公司的 Dowlex 工艺	
	Sabic 公司的 Compact 工艺	

本任务以 Ineos 公司的 Innovene S 低压淤浆环管聚合工艺为例，使用两台环管反应器串联，既可生产单峰也可生产双峰高密度聚乙烯产品。

二、高密度聚乙烯生产主要用料

1. 主要原料

（1）单体。需精制、增压满足 Innovene S 工艺要求，其精制方法与生产线性低密度聚乙烯的精制方法相同。

（2）相对分子质量调节剂。使用齐格勒-纳塔催化剂的生产过程中，氢气主要用来调节产品树脂的熔融指数；以铬系为催化剂时，加入少量的氢气到第二反应器，主要用于提高树脂的机械性能。需精制、增压满足 Innovene S 工艺要求，精制方法与生产线性低密度聚乙烯的精制方法相同。

（3）共聚单体。以 1-丁烯或 1-己烯作为共聚单体，主要用来控制树脂的密度。需精制、增压满足工艺要求，其精制方法与生产线性低密度聚乙烯的精制方法相同。

2. 催化剂

根据产品牌号选择使用齐格勒-纳塔催化剂或铬系催化剂。

3. 溶剂

Innovene S 低压淤浆环管聚合工艺采用轻组分异丁烷为溶剂，需精制，经分子筛干燥器脱除少量水分。

4. 添加剂

与生产线性低密度聚乙烯用添加剂相似，应依据产品牌号和用途来选用生产高密度聚乙烯所需添加剂的种类与用量。

三、聚合反应设备

Innovene 工艺采用液相环管反应器。环管反应器也称循环反应器（见图 2-23）。聚合反应是在溶剂的浆液中进行的，单体在溶剂中溶解，引发剂和其他反应单体以液相进入反应器。在溶剂中单体与引发剂接触，发生聚合反应生成聚合物粉末。反应放出大量的热量，这些热量通过溶剂传给反应器夹套层的冷却水进行冷却。主要用在低压聚乙烯及聚丙烯生产中。环管反应器基于淤浆环管原理，在聚丙烯生产中也有所应用。这种反应器是由两个垂直管段和两个弧形管段构成的椭圆形封闭回路，管段之间用法兰连接。管子直径较小，但比较长，管子末端彼此相连，形成一个较长的环管，通过轴流泵连续循环。轴流泵作为反应器的一部分安装在反应器的弯曲处，用来搅动反应器，是流体流动的推动器。反应器的温度由夹套里的循环水控制。

环管反应器传热系数大、单位体积传热面积大、单位体积产率高、单程转化率高、流速快，可使聚合物浆液搅拌均匀、引发剂体系均匀、聚合质量分布均一，而且不容易发生黏壁。环管反应器适合放热化学反应，反应条件容易控制；产品转换快，反应器内物料较短；结构简单、材质要求低，可用低温碳钢。

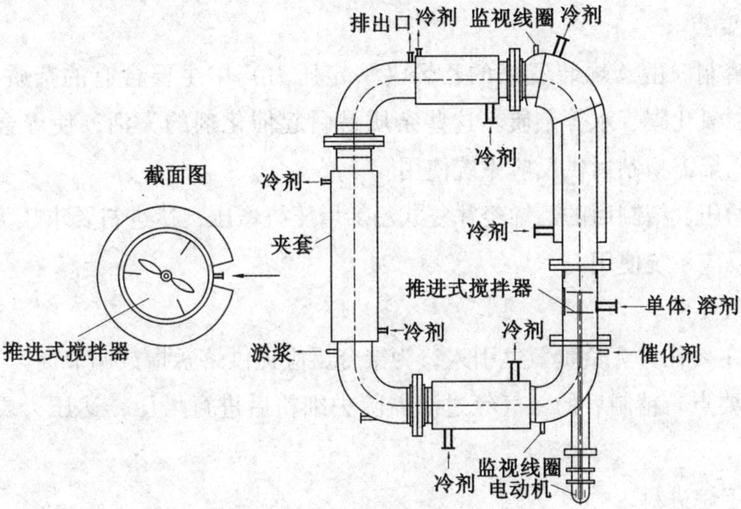

图 2-23　环管式聚合反应器结构示意图

四、高密度聚乙烯生产工艺特点

Innovene S 低压淤浆环管聚合工艺生产高密度聚乙烯的主要特点有以下几个方面。

（1）反应条件温和。采用异丁烷作为溶剂，聚合反应比较平稳，脱气简单，不需离心分离；产物粉末树脂机械性能好、质量均一。

（2）催化剂活性高。采用齐格勒-纳塔和铬系两种高活性催化剂，反应器不粘壁，不需要定期清洗；催化剂对原料杂质的要求相对较低。

（3）产品牌号切换快。生产中，通过改变催化剂类型来改变产品牌号时，不需要清洗和特殊的操作，只需将原催化剂倒空就可装载新型的催化剂，且过渡产品少。产品覆盖面较广、质量好。

（4）工艺流程简单。采用立式双环管反应器，大型运转设备少，工艺流程相对简单。

（5）单程转化率高。反应器设置中间提浓设备，提高了浆液浓度，溶剂回收循环量小，无须脱灰、脱蜡处理，装置能耗较低。

五、高密度聚乙烯生产主要岗位任务

Innovene S 低压淤浆环管聚合工艺生产高密度聚乙烯的主要生产岗位有原料精制与进料，催化剂配制，聚合反应，粉料脱气，溶剂回收，挤压造粒、掺混、包装，等等。

1. 原料精制与进料

（1）乙烯精制。

① 岗位主要任务。负责原料乙烯的精制、增压，满足工艺要求。

② 操作要点。

❖乙烯精制。由乙烯装置来的乙烯（一定压力）中主要含有的杂质有乙炔、氧、一氧化碳、二氧化碳、水等杂质。这些杂质易引起催化剂的失活，使聚合反应速率下降，因此，乙烯需精制后供反应系统使用。

❖乙烯增压。精制后的乙烯经往复式乙烯增压机增压，达进料要求压力后，经冷却器冷却后供反应系统使用。

（2）氢气压缩。

① 岗位主要任务。负责氢气引入，为聚合反应提供熔融指数调节剂。

② 操作要点。精制后的氢气经过滤器除去细粉后进行增压，达压力要求后供聚合反应使用。

（3）异丁烷进料。

① 岗位主要任务。负责为聚合反应单元提供溶剂。

② 操作要点。新鲜异丁烷经干燥器脱除水及硫化物后，送入聚合系统进行溶剂循环。

（4）共聚单体进料。

① 岗位主要任务。负责为聚合反应单元提供共聚用单体。

② 操作要点。与单体乙烯一样，共聚单体经干燥器除去部分水、极性杂质及过氧化物后，经过滤器除去携带的干燥剂颗粒，送入聚合反应器。

2. 催化剂配制

① 岗位主要任务。负责为聚合反应提供催化剂。

② 操作要点。

❖齐格勒-纳塔催化剂。在催化剂淤浆罐中用低压溶剂将主催化剂四氯化钛（$TiCl_4$）稀释到一定的浓度，用浆料泵将催化剂浆液注入反应器；用氮气将助催化剂三乙基铝从运输容器压送至加料罐，用计量泵送入反应器。

❖铬系催化剂。需要活化、干燥及精制，需在氮气保护下使用。

3. 聚合反应

（1）反应器进料。

① 岗位主要任务。负责将各种原料按产品配方加入反应器。

② 操作要点。乙烯（溶解在溶剂异丁烷中）、共聚单体、催化剂分别以液相形式进入反应器，氢气气相进料。

（2）反应器操作。

① 岗位主要任务。负责乙烯在串联的双环管反应器内完成聚合反应。

② 操作要点。

❖热量移出。在异丁烷溶剂的浆液中进行聚合反应，由溶剂传给反应器夹套层冷却水（脱盐水）进行冷却。

❖环管反应器。其直径较小，管子末端彼此相连，形成一个较长的环管。轴流泵作为反应器的一部分安装在反应器的弯曲处，用来搅动反应器使浆液连续循环，是流体流动的推动器。

❖固体提浓系统。为本工艺特有，主要用于第一个反应器部分浆料提浓，包括旋液分离器和淤浆泵。当浆料经两个反应器被加热到一定温度后闪蒸。

（3）反应质量控制。

① 岗位主要任务。负责将反应温度、压力自动控制在恒定的条件下进行。

② 操作要点。

❖反应温度。通过夹套水将温度控制在 80~110 ℃。

❖反应压力。由反应器的出口流量控制在 2.5~4.0 MPa。

❖密度。用共聚单体的浓度来控制。

❖熔融指数。使用齐格勒-纳塔催化剂时通过调节 H_2/C_2 摩尔比来控制，比例越高，产品熔融指数越高；使用铬系催化剂时，通过调节反应器的温度来控制。

❖产物。白色粉末。

（4）反应终止系统。

① 岗位主要任务。负责使聚合反应部分或完全停止。

② 操作要点。气态 CO 和 N_2 组成的终止气体由钢瓶注入反应器进料系统使催化剂失活，终止反应。

4. 粉料脱气

① 岗位主要任务。负责脱出浆料中的溶剂异丁烷。

② 操作要点。经过高压、低压闪蒸器脱出浆料中的异丁烷，使粉料和溶剂分离，经过滤器除去粉末进入溶剂回收系统。脱气后的粉料输送到挤压造粒系统。

5. 溶剂回收

① 岗位主要任务。负责将异丁烷溶剂进行精制，循环使用。

② 操作要点。溶剂回收包含高压溶剂（HPSR）回收和低压溶剂（LPSR）回收两个系统，大部分溶剂是通过高压溶剂回收系统进行回收的。

6. 挤压造粒、掺混、包装

① 岗位主要任务。负责粉料的挤压造粒、粒水分离、气力输送、掺混与包装。

② 操作要点。聚乙烯粉料经熔融后与添加剂混合再脱气和造粒，使颗粒均匀化，均化后的颗粒产品送到包装仓，经包装机包装后出厂。

六、环管式高密度聚乙烯装置生产工艺

高密度聚乙烯 Innovene S 低压淤浆环管聚合工艺生产装置生产流程图如图 2-24 所示。

来自界区外的乙烯经过乙烯干燥器脱除乙烯中的水和极性杂质后，经往复式乙烯增压机增压，再经乙烯冷却器冷却，压缩、冷却后的乙烯直接送入环管反应器供聚合反应使用。

来自界区的异丁烷经干燥器脱除含硫化合物和水，送至低压溶剂回收系统中进行溶剂循环。

来自界区外的氢气由管道输送至界区，按照不同的催化剂产品需要，经氢气增压机增压后进入反应器。

来自界区的 1-丁烯经丁烯处理器，脱除水、过氧化物和甲基叔丁基醚（MTBE）后，送往缓冲罐，再由泵送至反应器中。

来自界区的 1-己烯经己烯处理器，脱除水，送往缓冲罐，再由泵送至反应器中。

齐格勒-纳塔催化剂的助催化剂三乙基铝用氮气从运输容器中压送至加料罐，然后用进料泵从加料罐送至反应器。

齐格勒-纳塔催化剂的主催化剂先在滚筒器混合均匀装入催化剂贮罐，然后送入带有搅拌装置的催化剂配制罐，用低压溶剂稀释到一定的浓度，再用隔膜式计量泵送到反应器中。

精制后的乙烯溶解于溶剂中与共聚单体 1-丁烯（1-己烯）及催化剂以液相形式进入环管反应器，单体在溶剂中与催化剂接触聚合，在温度为 80~110 ℃、压力为 2.8~4.0 MPa 的条件下生成聚乙烯粉末。反应器通过轴流泵使淤浆高速循环，聚合反应产生的热量由夹套中的冷却水带走。

生产单峰产品时，两台反应器的反应条件维持基本相同，不需要中间处理单元；生产双峰产品时，两台反应器的反应条件有很大差别，需要中间处理单元。生产双峰产品时，第一反应器生成批量的一定质量的产品，进入中间处理系统，脱除那些影响第二反应器产品质量的组分，经过处理后的淤浆送入第二反应器，在不同于第一反应器的条件下继续反应。

聚合后粉状产物和溶剂经旋液分离器浓缩后得到高浓度淤浆，提浓后的浆料通过底部的出口阀进入淤浆加热器加热成过热粉料，送往高压闪蒸器进行脱气。

脱气后的粉料经高压闪蒸缓冲罐，进入低压闪蒸罐进一步脱气。气体在顶部经过顶部过滤器进入溶剂回收系统。粉料进一步脱气。脱气后的粉料在底部，输送至挤压造粒系统。

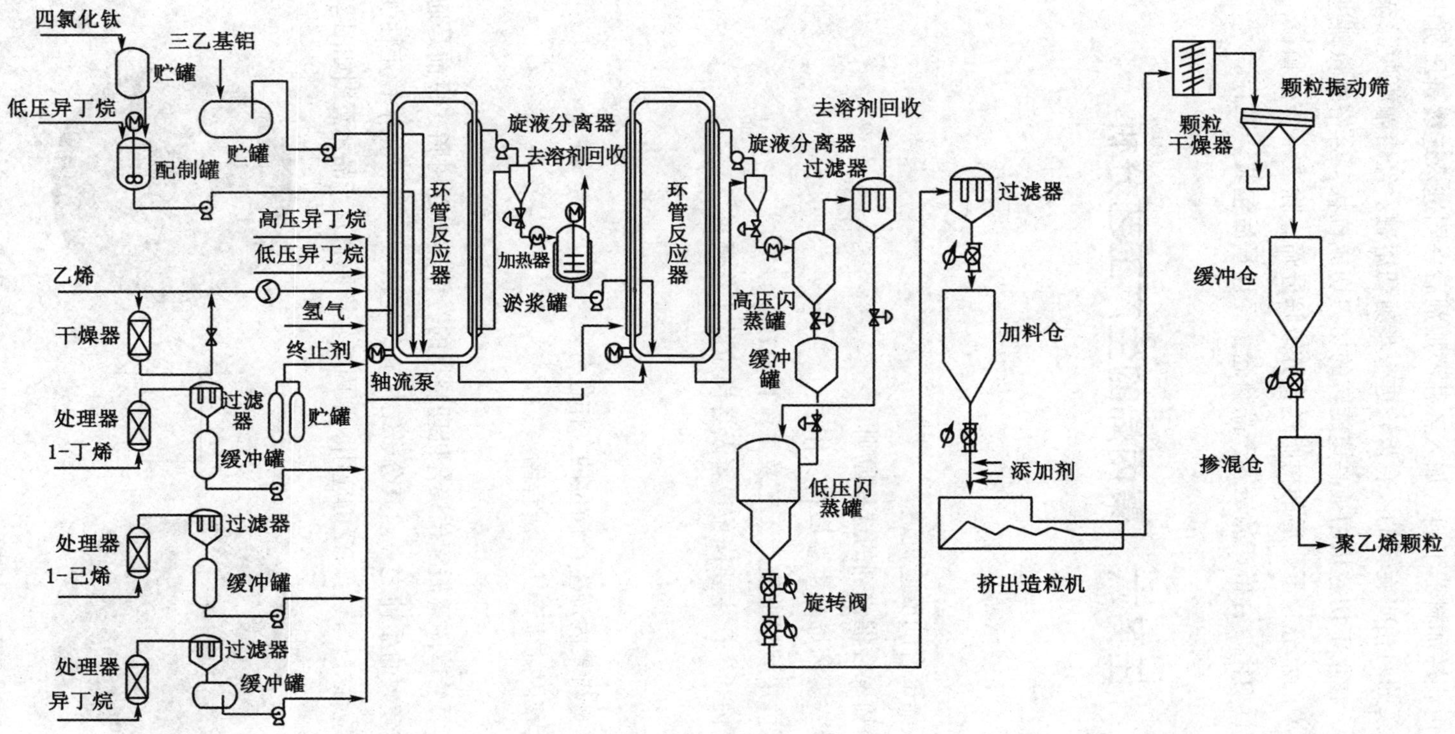

图2-24　高密度聚乙烯装置生产工艺流程图

在造粒区内，聚合物粉料要加入必要的添加剂后进入连续挤压机中熔融、混合，脱气后的粉料树脂由旋转加料器下料，加入各种添加剂后一同进入连续挤压机中熔融、混合后，送往熔融泵的两相向旋转的咬合齿轮进一步剪切熔融。经熔融筛脱除杂质后，从模板呈束状出料，在水下切粒机中被高速旋转的切刀切成粒状，合格的粒料进入离心式干燥器除去粒料中的水分，干燥后的树脂送到分级筛分筛，除去不合格颗粒，合格的粒料送到掺混仓进行均化，合格产品送入产品料仓，经计量后包装、贮存。

任务六　聚丙烯的生产工艺分析

【知识目标】

（1）掌握丙烯聚合的反应机理。

（2）掌握丙烯聚合催化剂的选择原则。

（3）掌握生产聚丙烯的主要原料及作用。

（4）掌握聚丙烯装置的生产工艺及生产特点。

（5）掌握聚丙烯生产主要岗位设置及各岗位的工作任务。

【能力目标】

（1）能正确分析聚丙烯生产岗位的工作任务。

（2）能识读聚丙烯生产工艺流程图。

聚丙烯是由丙烯单体遵循配位聚合机理制得的一种热塑性树脂，目前是通用合成树脂中产量及用量较大的品种之一。其分子结构有一定的规整性，化学稳定性强、生产原料丰富、加工适应性好，具有广泛的应用。聚丙烯生产原料及产品示意图如图 2-25 所示。

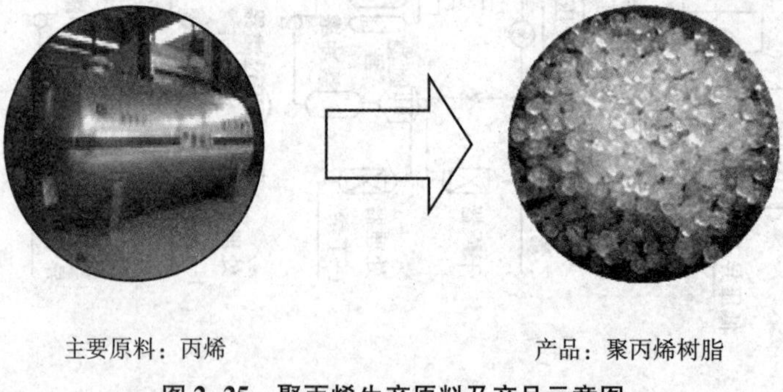

主要原料：丙烯　　　　产品：聚丙烯树脂

图 2-25　聚丙烯生产原料及产品示意图

一、聚丙烯产品

以聚丙烯树脂为原料，加入各种添加剂，按照产品用途不同采用相应的成型加工方法，可以得到各种用途的聚丙烯塑料或纤维制品。聚丙烯产品如图 2-26 所示。

塑料筐　　塑料膜　　水龙头　　编织袋

图 2-26　聚丙烯产品

二、聚丙烯产品的性能指标及用途

1. 聚丙烯产品性能

聚丙烯树脂是无味、无毒、白色蜡状颗粒。其透明度高，质量轻，相对密度仅为 0. 90~0. 91，是最轻的通用塑料。由于其结构规整而高度结晶化，故熔点高达 167 ℃。聚丙烯不溶于水，温度为 121~160 ℃时可连续耐热不变形；耐热、耐腐蚀，制品可用蒸汽消毒是其突出的优点；具有较高的机械强度、拉伸强度及硬度；具有良好的化学稳定性、热稳定性；介电性能优良。其主要缺点是耐低温冲击性差，但可以通过共聚或共混改性改善耐低温冲击性能；耐候性差，由于结构中存在叔碳原子，聚丙烯易被氧化，尤其对紫外线很敏感，在氧化和紫外线作用下易发生老化降解，但可通过添加抗氧剂、紫外线吸收剂或防老剂等来减缓。

2. 聚丙烯主要质量指标

聚丙烯树脂的质量指标项目很多，比较重要且一般能检测和实用的质量指标项目主要有熔融指数、等规度、拉伸屈服强度等，还可用灰分、氯离子含量、挥发分等表示聚丙烯树脂中的杂质含量，对聚丙烯加工和应用有重要影响。

（1）熔融指数。是衡量聚丙烯树脂在熔融状态下流动性能好坏的指标。熔融指数越大，聚丙烯树脂的熔融流动性能越好；反之，熔融指数越小，聚丙烯树脂熔融流动性能就越差。由于聚丙烯是热塑性树脂，是在熔融状态下加工成各种制品的，所以熔融指数是影响聚丙烯加工性能的重要指标，也是衡量聚丙烯产品质量的主要指标之一。

（2）等规度。是指等规结构的聚丙烯（全同和间同）在整个聚合物中的含量，用质量百分数表示。聚丙烯按结构中甲基排列位置分为全同聚丙烯、间同聚丙烯和无规聚丙烯三种。甲基排列在大分子主链的同一侧称为全同聚丙烯。甲基交替排列在大分子主链的两侧称为间同聚丙烯。甲基无秩序地排列在大分子主链的两侧称为无规聚丙烯。

等规度影响聚丙烯的结晶度，等规度越高，结晶度也越高。在一定范围内，结晶度越高，聚丙烯树脂拉伸屈服强度就越高，硬度也越大，耐冲击强度（尤其是低温冲击）性能好。同时，等规度还影响聚丙烯树脂的加工性能。等规度低，产品发黏、流动性差，包装、贮存时易板结成块或团，加工时加料困难，甚至无法加工。

（3）灰分。是指聚丙烯中不能挥发而残留下来的杂质（如主催化剂、助催化剂及生产中混入的各种杂质）在整个样品中的含量。如果灰分高，表示加工时不熔物质多，易引起设备的堵塞，也会影响制品的强度等性能。但灰分对采用挤塑、注塑成型加工影响不大。

（4）氯离子含量。是指聚丙烯产品中残留催化剂中的氯离子在整个样品中的含量，通常用重量 10^{-6} 表示。聚丙烯树脂中存在的氯离子对后加工设备有腐蚀作用。目前，使用高效载体催化剂的产品中氯离子含量已经很低。

示例：某企业聚丙烯粉料主要质量指标如表 2-11 所列。

表 2-11　某企业聚丙烯粉料质量指标

项目	指标	备注
外观	白色，无结块	目测法
熔融指数/［$g\cdot(10\ min)^{-1}$］	0.5~50.0	熔融指数测定仪(进口)
等规度	≥94%	等规度测定仪
灰分/($mg\cdot kg^{-1}$)	≤350	灰分测定仪
氯含量/($mg\cdot kg^{-1}$)	≤100	氯含量测定仪
表观密度/($g\cdot cm^{-3}$)	≥0.38	表观密度测定仪
拉伸屈服强度/MPa	≥31.5	

3. 聚丙烯的主要用途

聚丙烯树脂具有优良的特性和加工性能，可采用注塑成型、挤压成型、吹塑成型、热成型等方法进行成型加工。聚丙烯制品还可进行涂饰、黏合、印刷、焊接、电镀、剪切、切削、挖刻等二次加工，并易于通过共聚、共混、填充、增强等工艺措施进行改性，增加其韧性及耐热性。因此，被广泛应用于各个领域中。聚丙烯树脂的主要用途如表 2-12 所列。

表 2-12　聚丙烯的主要用途

应用领域	应用实例
化学工业	聚丙烯树脂具有良好的机械性能，可用来制造各种机器设备的零部件；改性后可制造工业管道、水管、电机风扇等

表2-12(续)

应用领域	应用实例
纺织工业	聚丙烯树脂是重要的合成纤维——丙纶的原料，可制作工业用无纺布、地毯、绳索、带子、蚊帐，也可用于生产服装、香烟丝束、人造草坪等，还可用于医疗卫生方面制作医用衣帽、手术口罩、婴儿纸尿裤等
建筑业	聚丙烯用玻璃纤维增强改性或用橡胶改性可制作建筑用模板，发泡后可作装饰材料，喷涂材料可替代家用镀铬的水管等金属制品
汽车制造业	改性聚丙烯可以制造汽车上的许多部件，如汽车方向盘、仪表盘、保险杠等
包装行业	聚丙烯树脂可拉制扁丝制成编织袋，广泛用于各种固体物料的包装；制作成各种薄膜用于食品外包装、糖果外包装、药品包装（输液袋）、服装外包装、全透明玻璃纸等
电器用品	改性聚丙烯可用于制造电视机外壳、洗衣机内胆及电线、电缆等绝缘材料
日常用品	聚丙烯可以制作家具（如桌椅、板凳等）和家用卫生设备（如盆、桶、浴盆等）

子任务一　聚丙烯生产原理

【任务介绍】

依据单体丙烯的结构特征，从理论上分析判断合成聚丙烯所遵循的聚合机理，生产上应如何选择合适的催化剂，以及可采用什么方法控制聚合反应速率及产物的相对分子质量。

【相关知识】

聚丙烯聚合反应式可表示如下：

$$nH_2C=CH-CH_3 \longrightarrow \left[CH_2-\underset{\underset{CH_3}{|}}{CH} \right]_n$$

一、单体的性质及来源

丙烯是一种无色、易燃的气体，稍带有甜味，化学性质活泼，熔点为-48 ℃，易发生氧化、加成、聚合等反应，是基本有机化工的重要原料。

工业上，丙烯主要由烃类裂解所得到的裂解气和石油炼厂的炼厂气分离获得。

二、聚丙烯聚合反应机理

聚丙烯的聚合遵循配位聚合反应的机理，所用的催化剂具有特殊的定位作用，形成的活性中心为配位阴离子，单体采用定向吸附、定向插入，经历链引发、链增长和链终止反应三个阶段，需要通过向氢气转移反应来调节聚合产物的相对分子质量。丙烯除了发生均聚反应外，还可与其他单体发生共聚反应，加入量依据不同的产品牌号而定。

子任务二　聚丙烯生产工艺

【任务介绍】

依据聚丙烯的生产原理，能正确分析生产聚丙烯所需的原料及其作用与规格，能正确分析聚合反应用设备特点及影响聚丙烯聚合反应的主要因素。

【相关知识】

一、丙烯聚合生产工艺

自 1954 年应用齐格勒-纳塔催化剂进行丙烯聚合，得到了高相对分子质量、高结晶的聚丙烯以来，聚丙烯的聚合工艺发展迅速。聚合工艺由常规催化剂的溶液法和淤浆法发展到在液态丙烯中聚合的液相本体法及在气态丙烯中聚合的气相法。目前，聚丙烯的生产工艺主要有溶液法、淤浆法、本体法、气相法和本体-气相组合工艺五种方法。

1. 溶液法

溶液法是使丙烯、溶剂及催化剂在一定温度、压力下进行聚合反应，所得到的聚丙烯溶解在溶剂中，经连续闪蒸后除去未反应的单体，再经过滤、冷却、离心分离等工序得到聚合产品。此工艺催化剂效率低，生产工艺流程复杂、生产成本极高，产品等规度低，除特殊的用途外，未能广泛应用。

2. 淤浆法

淤浆法（又称溶剂法、浆液法）是将原料丙烯溶解在大量溶剂中，在溶剂中受到催化剂作用发生聚合反应，生成的聚合产物在溶剂中悬浮析出形成浆液，再经洗涤、脱灰（催化剂）、过滤（脱无规物）、干燥等工序得到聚合产品。此工艺催化剂定向能力差，产品等规度低，工艺流程复杂，除了一些特殊用途外，原来的淤浆工艺的装置已被淘汰。目前，也可采用高效催化剂淤浆法，这种方法简化了工艺流程，也省去了脱灰、脱无规物。

3. 本体法

本体法是反应体系中不加任何其他溶剂，丙烯既作为聚合单体又作为溶剂，在一定温度、压力下进行液相本体聚合反应。反应结束后，将浆液减压闪蒸即可脱除单体得到粉状聚丙烯树脂。此工艺流程简单、成本低，采用高效催化剂不需要脱灰和脱无规物工艺，产品等规度高。本体法工艺因采用的反应器不同，分为釜式和管式聚合工艺。

4. 气相法

气相法无需任何介质，只有丙烯单体和催化剂在气相反应器中进行聚合反应，用丙烯汽化冷凝移出反应热的方式，得到粉状聚丙烯树脂并使其与单体分离。此工艺以其工艺流程简单、单线生产能力大、投资省而备受青睐。气相法工艺按采用的反应器类型的不同，分为气相搅拌工艺和气相流化床工艺，前者又分为立式搅拌床和卧式搅拌床两种。

5. 本体-气相组合工艺

本体-气相组合工艺是将液相本体法与气相本体法组合的一种新的本体法工艺。生产工艺中往往采用几段不同的反应器串联，在前面的反应器中实施液相本体法，在后面的反应器中实施气相本体法。

聚丙烯生产典型工艺技术如表 2-13 所列。

表 2-13 聚丙烯生产典型工艺技术

生产工艺	典型工艺技术	反应器形式	
		均聚物	抗冲共聚物
气相法	UCC 公司的 Unipol 工艺	气相流化床	气相流化床
	BASF 公司的 Novolen 工艺	立式气相搅拌釜	立式气相搅拌釜
	Ineos（前 BP）公司的 Innovene 工艺	卧式气相搅拌釜	卧式气相搅拌釜
本体-气相法	Lyondell Basell 公司的 Spheripol 工艺	串联双环管反应器	气相流化床
	三井油化公司的 Hypol 工艺	立式液相搅拌釜和气相流化床	
	Boeralis 公司的 Borstar 工艺	单环管反应器和气相流化床	

二、丙烯聚合主要原料

1. 主要原料

（1）单体。聚合级单体中杂质的存在会降低催化剂的活性，也会影响产品的等规度和熔融指数。对产品质量有影响的主要杂质有一氧化碳、二氧化碳、氧、水、含硫化合物等。催化剂效率不同，对丙烯纯度的要求也有所不同，催化剂的效率越高，对丙烯纯度要求越高。

（2）共聚单体。生产抗冲共聚物时，采用乙烯为共聚单体，增进均聚聚丙烯的冲击性能、透明性和成型加工流动性。乙烯中的杂质同样会降低催化剂活性，需精制到纯度不低于 99.9%。

（3）相对分子质量调节剂。采用氢气作为分子量调节剂（也称链转移剂），用于调节树脂的熔融指数。氢气量增加，熔融指数增大，同时氢气也能提高催化剂的活性。

2. 催化剂

聚丙烯之所以能在各种聚烯烃材料中成为发展最快的一种，关键在于催化剂技术的飞速发展。丙烯聚合催化剂的进步也促使聚丙烯生产工艺不断简化合理，从而节能降耗，不仅大大降低了生产成本，而且提高了产品质量和性能。

聚丙烯催化剂的发展共经历了六代：第一代催化剂是用研磨法生产含有 1/3 三氯化铝的三氯化钛催化剂；第二代催化剂是络合催化剂；第三代催化剂是使用研磨法生产，

用活性氯化镁作为载体的四氯化钛为主催化剂，三乙基铝为助催化剂，添加硅烷作为给电子体化合物来提高聚合物的等规度；第四代催化剂是在第三代催化剂的基础上，添加邻苯二酸酯为内给电子体，用硅烷为外给电子体，可得到高活性和高立构规整度的聚合产物；第五代催化剂是在第三代催化剂的基础上，只添加1,3-二醚类化合物为给电子体，可得到高活性和高立构规整度的聚合产物；第六代催化剂的主催化剂为茂金属化合物，用甲基铝氯烷（MAO）作为催化剂，可得到高立构规整度的等规或间规聚丙烯。

3. 添加剂

由于聚丙烯树脂耐冲击性能一般，耐低温性能差，易脆裂，抗老化性能和染色性也较差，因此需要添加不同的添加剂，采用物理或化学方法对其进行改性，以提高聚丙烯树脂的综合性能。常用的添加剂有增塑剂、抗氧剂、抗静电剂、热稳定剂等。

三、丙烯聚合反应设备

由于聚丙烯生产工艺不同，因此生产上采用不同类型的反应器。典型聚丙烯生产工艺常用的聚合反应器见表2-13。气相流化床及环管反应器在聚乙烯生产工艺中已介绍，本任务主要介绍立式气相搅拌釜反应器、立式液相搅拌釜反应器及卧式气相搅拌釜反应器。

1. 立式气相搅拌釜反应器

BASF公司的Novolen工艺中采用的立式气相搅拌釜反应器如图2-27所示，它采用双螺带式搅拌器。该反应器能够使催化剂在气相聚合的单体中均匀分布，尽可能使每个聚合物颗粒保持一定的钛/铝/给电子体的比例，用来解决气相聚合中气、固两相之间不易均匀分布的问题。反应器的散热方式是依靠丙烯气的循环。液态丙烯用泵打入反应器，通过丙烯的汽化吸收一部分聚合反应热，未反应的气态丙烯用水冷凝后使其液化，再用泵打回反应器使用。但由于该工艺采用搅拌混合形式，物料在聚合釜中的停留时间难以控制均匀，使产品相对分子质量分布变宽，产品中钛离子、氯离子和灰分增高，催化剂活性较低，用量相对较大，聚合物中残留的挥发性成分严重影响产品质量，因此，得到的聚丙烯产品可能需要经过脱臭处理。

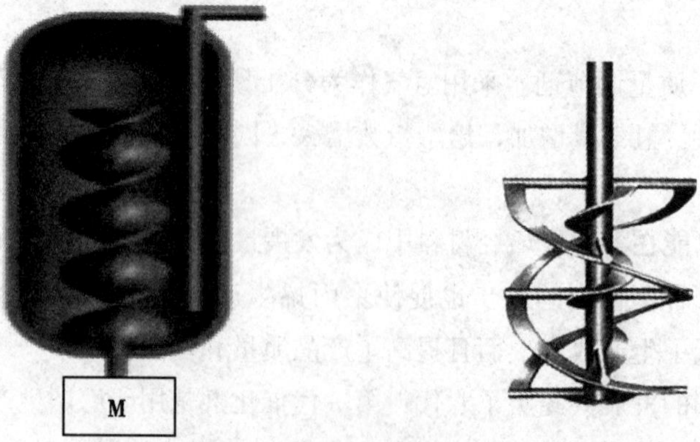

图2-27　立式气相搅拌釜反应器

2. 立式液相搅拌釜反应器

三井油化公司的 Hypol 工艺中的釜式本体聚合工艺采用的是立式液相搅拌釜反应器，如图 2-28 所示。反应器安装夹套冷却系统移出反应热，内装桨式搅拌器。

图 2-28　立式液相搅拌釜反应器

3. 卧式气相搅拌釜反应器

BP 公司的 Innovene 工艺采用的是卧式气相搅拌釜反应器，如图 2-29 所示。它是一个圆柱状卧式容器，近似活塞流反应器，上方有穹顶，内有各类型喷嘴输送急冷液、循环气、主催化剂和助催化剂。反应器内多采用 T 形平叶片或门式搅拌器搅拌。

图 2-29　卧式气相搅拌釜反应器

四、聚丙烯生产工艺路线特点

目前，世界上比较先进的聚丙烯生产工艺是气相法工艺和本体-气相组合工艺，可生产均聚物和无规共聚物，也可生产抗冲共聚物。本任务主要介绍 BASF 公司的 Novolen 气相法工艺及三井油化公司的 Hypol 本体-气相组合工艺。

1. Novolen 气相法工艺

Novolen 气相法工艺采用双螺带式搅拌的立式搅拌釜反应器。此工艺可生产丙烯均聚物、无规共聚物、三元共聚物、分散橡胶颗粒高达 50%的抗冲共聚物及高刚性产品。其主要特点有以下几个方面。

（1）产品质量好。此工艺采用高活性催化剂，产品不需要脱灰、脱无规物、脱氯过程。

（2）反应温度易控制。此工艺采用丙烯蒸发冷凝技术移出反应热。液体丙烯从反应器上部和底部喷入反应器以控制反应温度，循环气体从反应器下部注入反应器。

（3）高产率的聚合循环，传热能力强。反应器上部气体进入旋风分离器，将聚合反应细小颗粒脱出返回反应器，气体再经过过滤器后进行冷却冷凝。

2. Hypol 本体-气相组合工艺

Hypol 本体-气相组合工艺将本体法丙烯聚合工艺的优点与气相法聚合工艺的优点融为一体，可生产均聚、无规共聚及抗冲全范围的聚丙烯产品，加工性好，制成的薄膜透明度和光洁度高。其主要特点有以下几点。

（1）产品质量好。此工艺采用先进的高效、高立构定向性催化剂，产品不需要脱除无规物及催化剂残渣。产品质量高、灰分低、氯含量小，均聚物具有良好等规度和刚性，抗冲共聚产品具有良好的抗冲强度、刚性和外观。

（2）采用分段反应器。均聚物和无规共聚物在釜式液相本体反应器中进行，均聚后在气相流化床反应器中生产抗冲共聚物。

子任务三　聚丙烯生产主要岗位任务

【任务介绍】

依据聚丙烯生产工艺过程，正确分析影响丙烯聚合的主要因素，进而理解并掌握主要岗位的工作任务及操作要点。

【相关知识】

以 BASF 公司的 Novolen 气相法为例，在工艺生产过程中，主要岗位有原料精制与进料，催化剂配制，聚合反应，粉料脱气，挤压造粒，粒料掺混、包装，等等。

1. 原料精制与进料

（1）丙烯精制。

① 岗位主要任务。负责将原料丙烯引入，需精制达聚合级质量要求。

② 操作要点。

❖丙烯单体中如存在杂质将使催化剂失去活性，也会影响产品的等规度和结晶形态，因此聚合前必须将单体中的杂质除去。丙烯中的杂质主要有水、含硫化合物

（COS，H_2S）、一氧化碳和二氧化碳等。

❖精制后的丙烯（纯度不低于99.5%），经过滤器除去固体杂质后，送入聚合反应器。

（2）氢气压缩。

① 岗位主要任务。负责低压氢气的压缩和精制，为聚合反应单元提供熔融指数调节剂。

② 操作要点。氢气经压缩增压达一定压力，除去微量的杂质（水和二氧化碳），纯度不低于95%。经过滤器除去细粉后，送入聚合反应器。

（3）共聚单体进料。

① 岗位主要任务。负责为生产共聚产品提供单体。

② 操作要点。与单体丙烯一样，需精制后送入生产抗冲共聚产品用反应器。

2. 催化剂配制

① 岗位主要任务。负责为聚合反应提供催化剂。

② 操作要点。

❖主催化剂。主要是以 $MgCl_2$ 为载体的钛系（$TiCl_4$）催化剂，是一种深褐色粉末，用新鲜丙烯配制成浆液状，搅拌使浆液处于均匀悬浮状态，注入催化剂配制罐中稀释至要求的浓度，以较高的速度送入反应器。

❖助催化剂。主要是三乙基铝，与新鲜丙烯按一定比例经计量泵加入反应器。

❖第三组分。主要是给电子体硅烷（环己基-甲基-2-甲氧基硅烷），作用是调整产品的等规度。在正常的操作期间，进料与催化剂按比例加入反应器。在开车期间，它与助催化剂按比例经隔膜泵计量加入反应器。

3. 聚合反应

（1）反应器进料。

① 岗位主要任务。负责将各种原料按产品配方加入反应器。

② 操作要点。新鲜丙烯、主催化剂、助催化剂（三乙基铝）、第三组分（硅烷）和氢气由流量控制器按比例控制加入反应器。

（2）反应器操作。

① 岗位主要任务。负责反应器热量的移出及气体和粉尘的分离。

② 操作要点。

❖热量移出。聚合反应热通过液态丙烯的汽化、冷却取出。

❖气体和粉末分离。经液体喷射、旋风分离器、袋式过滤器将聚丙烯粉末除去，防止进入冷凝器。

❖不凝气压缩。丙烯、丙烷、氢气等不凝性气体经压缩机压缩后进入循环气系统。

（3）反应条件控制。

① 岗位主要任务。负责将反应温度、压力及液位自动控制在恒定的条件下进行。

② 操作要点。根据聚合产物要求，由 DCS 控制反应温度、压力和液位。

❖压力。一般为 2.5~3.0 MPa，由新鲜丙烯加入量来调整控制。

❖温度。一般为 75~80 ℃，通过调整循环丙烯加入量来控制。

❖液位。主要由聚丙烯产品粉料的喷出量来控制。

（4）产品质量控制。

① 岗位主要任务。负责在优化的条件下生产稳定的高质量产品。

② 操作要点。

❖相对分子质量。主要由氢气的加入量来控制，测定熔体流动速率（熔融指数）。

❖等规度（立构规整度）。主要由第三组分（给电子体）硅烷的加入量来控制。

（5）反应终止系统。

① 岗位主要任务。负责使聚合反应部分或完全停止。

② 操作要点。使用一氧化碳为终止剂。

4. 粉料脱气

① 岗位主要任务。负责脱出粉料中的丙烯。

② 操作要点。粉料卸料罐中未转化的内烯经过一定滞留时间从聚丙烯粉料中分离出来，脱气后，粉料通过旋转进料器输送至料仓。

5. 挤压造粒

① 岗位主要任务。负责粉料的挤出造粒、粒水分离和粒料输送。

② 操作要点。料仓中粉料靠重力通过旋转进料器进入称重装置，送至挤出机，与添加剂混合后进行挤压造粒。

6. 粒料掺混、包装

① 岗位主要任务。负责完成粒料从掺混仓到包装仓的输送。

② 操作要点。通过掺混使产品颗粒和熔融指数分布更均匀。将产品送到包装仓，经包装机包装后出厂。

子任务四　聚丙烯装置生产工艺流程

【任务介绍】

依据聚丙烯生产岗位的主要工作任务，准确描述物料走向，描述聚丙烯生产工艺流程，识读聚丙烯装置的生产工艺流程图。

【相关知识】

一、Novolen 气相法生产工艺流程

聚丙烯 Novolen 气相法生产工艺流程示意图如图 2-30 所示。

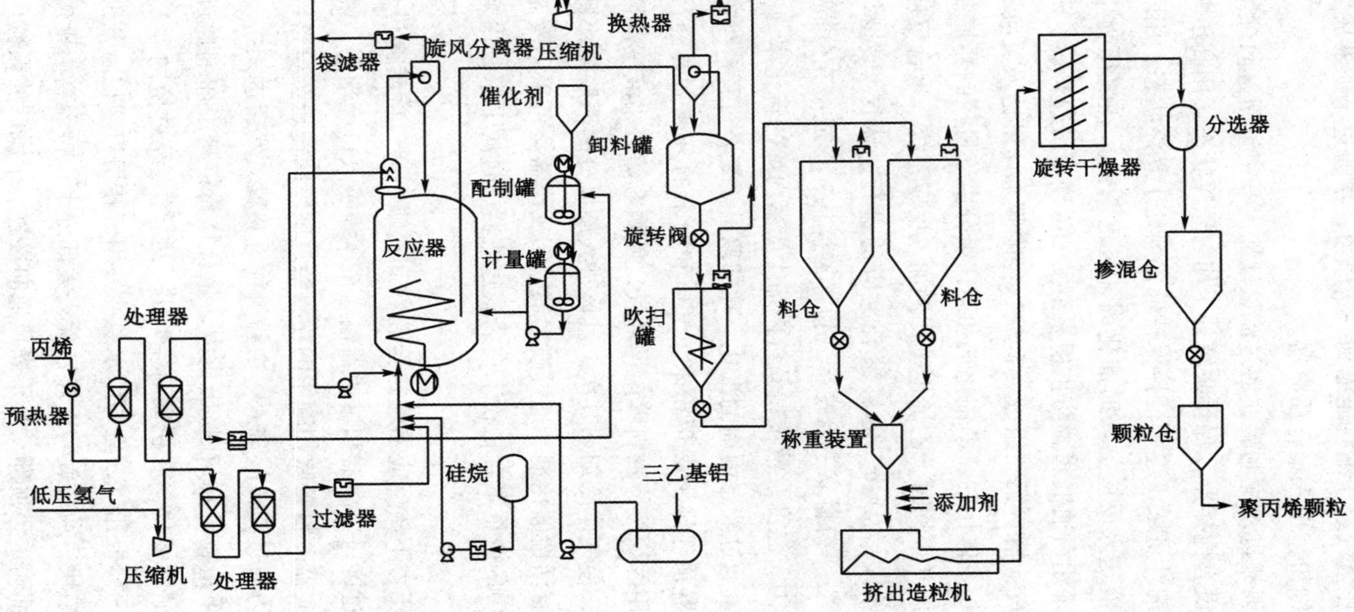

图2-30 聚丙烯气相法生产工艺流程示意图

自界区外来的液体丙烯经处理器依次除去水、H_2S、COS、CO_2及 CO 等杂质后，经过滤器除去由处理器和干燥器填充物破碎产生的细粉等固体杂质，经计量后送到聚合反应器和催化剂制备系统。

自界区外来的低压氢气经压缩机压缩到一定压力，再通过干燥器脱除水及 CO_2等杂质后，经过滤器除去细粉，送入聚合反应器。

主催化剂通过卸料罐进入配制罐，通过流量计加入一定量新鲜丙烯配制成一定浓度的浆液状。配制罐中设有搅拌器，保持浆液处于均匀悬浮状态。用高压氮气将配制罐中催化剂浆液压入催化剂计量罐，连续搅拌保持催化剂处于悬浮状态，用隔膜泵不断地将所需流量的催化剂浆液送入反应器。助催化剂（三乙基铝）在氮压力下，由运输罐送至三乙基铝储罐，储罐用白油液封，防止积累至发烟浓度而引起自燃，经计量泵与新鲜丙烯按一定比例送入反应器。第三组分（硅烷）经隔膜泵计量送入反应器。

新鲜丙烯、氢气、主催化剂、助催化剂和第三组分由流量控制器控制，按比例一同进入反应器。生产无规共聚物时，乙烯也按比例加入反应系统。聚合反应在气相反应器系统中进行，停留时间约为 1 h。随着聚合反应的进行，床层里粉料颗粒的直径从 20 μm增至 600 μm 左右。粉料靠一台螺带式搅拌器搅拌，形成一充分混合的反应床层。由 DCS 控制反应器压力、温度及液位，新鲜丙烯生成聚丙烯的转化率为 75%~85%。聚合反应过程产生的热量通过液态丙烯的汽化、冷却取出。聚合过程产生的气体不断地经过反应器拱顶从反应器顶部排出夹带粉末。气体和粉末的分离需要经过三个阶段。首先，脱除大颗粒。先用丙烯液体物料喷向循环气，使颗粒随着小液滴落回反应器，同时喷射的液体部分汽化，使气体冷却。其次，气体进入旋风分离器脱除小颗粒。旋风分离器收集的粉料可能含有活性催化剂，通过喷射器返回反应器。可采用液态循环丙烯作为推进剂。最后，气体中的微量聚合物粉末在袋式过滤器中过滤下来，用来防止聚丙烯粉末进入冷凝器。

粉料在反应器的压力下从反应器输送至粉料卸料罐，通过旋转阀进入粉料吹扫罐。未转化的丙烯气体通过旋风分离器和过滤器输送至压缩机入口冷却器，经压缩及脉冲式过滤器过滤后返回反应器。粉料吹扫罐中的粉料经过旋转阀输送至粉料料仓。

料仓中物料靠重力通过旋转阀进入一个粉料称重装置，然后进入挤出机（挤出机包括双螺杆挤出段和水下造粒机）。在挤出机内，聚合物粉料与添加剂通过反转的双螺杆的挤压而均匀化、压缩和熔化，在机筒真空段进行脱气并经过换网器过滤后由模板挤出。当熔融聚合物离开模板孔时，立即用水急冷并用旋转切刀切粒。分别在预分筛中除去带有飘带的颗粒和结块，通过旋转干燥器除去大部分水，再经离心干燥器脱除残留的水。颗粒由干燥器底部输送至顶部，与干燥风逆向接触。干燥后的颗粒用空气做载体输送至掺混仓、包装仓，进入包装系统。

二、Hypol 本体-气相组合生产工艺流程

聚丙烯 Hypol 本体-气相组合法生产工艺流程示意图如图 2-31 所示。

来自界区外的液态丙烯经净化处理器除去杂质后送入液相反应釜。

来自界区外的乙烯气体通过管道进入装置，经调节阀送入反应器。在生产无规共聚物时，所有的反应器都要加乙烯气体，而生产抗冲共聚物时只加入第三反应器。

来自界区外的氢气经调节阀加入反应器。按照均聚物、无规共聚物、嵌段共聚物不同的生产要求，将氢气分别加入各反应器中。

Hypol 本体-气相组合工艺采用的主催化剂是以 $MgCl_2$ 为载体的钛系固体催化剂，助催化剂是三乙基铝，第三组分是给电子体硅烷。主催化剂加入己烷，在预处理罐进行低温下预聚合，目的是改善聚丙烯产品颗粒的堆积密度和等规度。预聚合后，浆液在贮罐中用己烷稀释到一定浓度，通过计量泵送入液相搅拌釜反应器中。助催化剂在贮罐中用己烷稀释到规定的浓度后，由计量泵送至液相搅拌釜反应器。第三组分不用溶剂进行稀释，而是直接加入以氮气密封的贮罐中，经计量泵与主催化剂混合后，送入液相搅拌釜反应器。

精制后的丙烯、氢气和配制好的催化剂在第一反应器（液相搅拌釜反应器）内进行液相本体聚合（温度为 65~70 ℃，压力为 2.5~3.5 MPa），产生的热量通过夹套冷却系统及汽化冷凝回流系统移出。从第一反应器排出的浆液进入细粒分离器，浆液与新鲜丙烯反向接触以除去浆液中的短路催化剂和细粉末，用泵循环回到第一反应器，而浆液离开进入第二反应器（气相反应器）。第二反应器中的液体丙烯在压力为 1.5~2.0 MPa、温度为 70~75 ℃的条件下发生汽化，聚合反应热通过丙烯的汽化移出。聚合物流态化气体由反应器底部吹入，维持气体流化床的空间速度在 22~30 cm/s（用于生产均聚物、抗冲共聚物及无规共聚物），由循环气冷却水系统控制第二反应器的温度。部分循环气由再循环系统引出，进入丙烯洗涤塔以分离循环气中的细粒，同时控制第二反应器的压力。洗涤后的气体物料进入冷凝器，冷凝后的液体丙烯经丙烯循环泵返回丙烯洗涤塔，气体经再循环气体压缩机升压后通过丙烯再循环泵返回第一反应器。聚合物粉料从第二反应器排出并通过粉料传送鼓风机送往第三反应器。第三反应器的热量排出方式与第二反应器热量排出方式相似。循环气体的流速通过调节循环气体鼓风机的转速来控制。使气体在流化床中的空间速度维持在 40~60 cm/s（用于生产均聚物、无规共聚物及抗冲共聚物）。

第三反应器内的聚合反应结束后，聚丙烯粉状树脂通过料位控制阀连续排出，送往再循环气体分离罐，通过旋转阀将粉料送至干燥器干燥及蒸汽干燥，除去粉料中所含的少量己烷和丙烯。干燥粉料经粉料输送鼓风机用氮气系统输送至粉料仓。

聚丙烯粉料经计量后，加入一定量的固体添加剂在混合器中混合，与液体添加剂一起连续加入造粒机。混合物在造粒机中混合、熔融，进行挤压造粒，经粒料干燥器后由颗粒输送鼓风机送至粒料贮仓，经掺混后送包装系统。

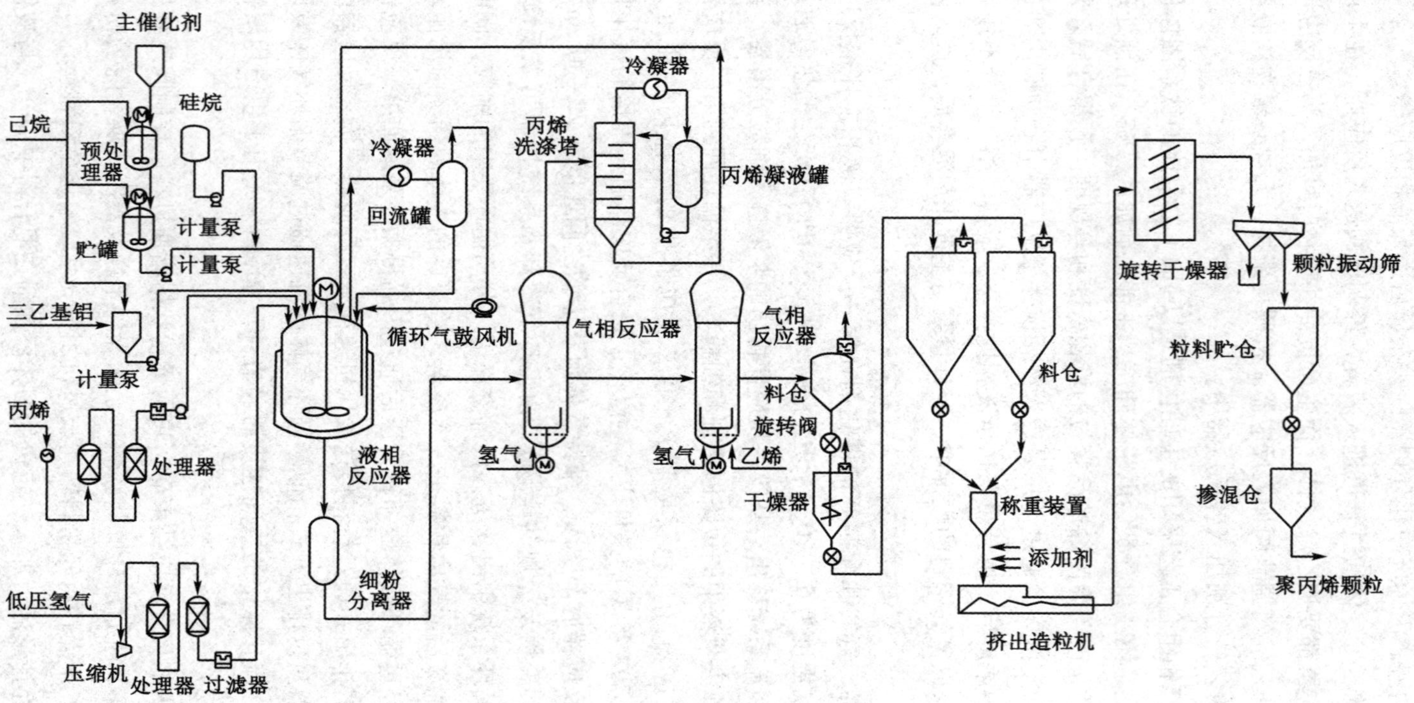

图2-31 聚丙烯本体-气相法生产工艺流程示意图

任务七　聚氯乙烯的生产工艺分析

【知识目标】

（1）掌握氯乙烯聚合的反应机理。

（2）掌握氯乙烯聚合引发剂的选择原则。

（3）掌握生产聚氯乙烯的主要原料及作用。

（4）掌握聚氯乙烯装置的生产工艺及生产特点。

（5）掌握聚氯乙烯生产主要岗位设置及各岗位的工作任务。

【能力目标】

（1）能正确分析聚氯乙烯生产岗位的工作任务。

（2）能识读聚氯乙烯生产工艺流程图。

聚氯乙烯是由氯乙烯单体遵循自由基型聚合机理而制得的一种热塑性树脂，氯乙烯的均聚物和共聚物统称为聚氯乙烯树脂。由于其生产原料来源丰富、价格低廉、性能优异、用途广泛，因此，在通用塑料中占有重要的地位。聚氯乙烯的主要生产原料及产品示意图如图 2-32 所示。

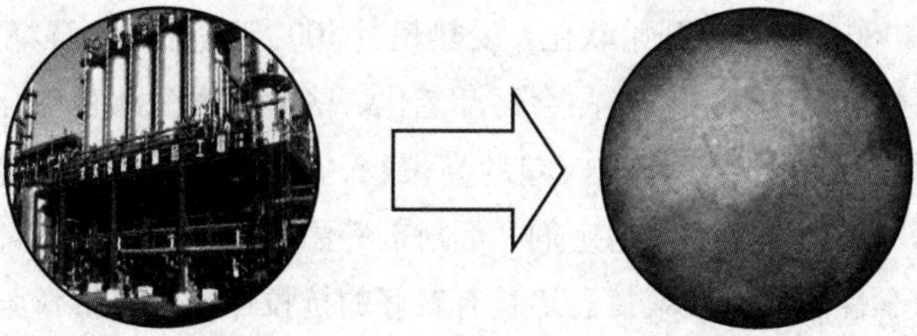

主要原料：气态氯乙烯　　　　产品：聚氯乙烯树脂

图 2-32　聚氯乙烯的主要生产原料及产品示意图

一、聚氯乙烯制品

以聚氯乙烯树脂为原料，加入各种添加剂，按产品用途不同采用相应的成型加工方法，可以得到各种用途的聚氯乙烯塑料或人造革。聚氯乙烯产品如图 2-33 所示。

二、聚氯乙烯的性能指标及用途

1. 聚氯乙烯主要品种

氯乙烯聚合生产一般可以采用的方法有本体法、溶液法、悬浮法、乳液法及微悬浮

硬质 PVC 管材　　塑钢门窗　　PVC 接线板　　PVC 人造革

图 2-33　聚氯乙烯产品

法等，目前常用的是悬浮法、乳液法及微悬浮法。采用悬浮法和微悬浮法得到的是白色无定型粉末树脂，采用乳液法得到的是糊状树脂，它们均可以生产软质和硬质塑料。

采用悬浮法生产的聚氯乙烯产量较大，随着高聚物合成技术的改进，这种方法生产的聚氯乙烯发展迅速，目前已达上百个品种。我国通用型悬浮法 PVC 树脂通常按聚合度大小划分为 SG8~SG1 共 8 个型号，聚合度一般为 500~1800（型号中数字越小，平均聚合度越大）。

2. 聚氯乙烯产品性能

采用悬浮法生产的聚氯乙烯树脂是外观为白色的无定形粉末，无毒无臭，密度为 1.35~1.46 g/cm^3（温度为 20 ℃时）。聚氯乙烯分子中含有极性强的氯原子，分子间力大，使得聚氯乙烯制品的刚性、硬度及抗冲击强度较高，性能优异。聚氯乙烯的化学稳定性和电绝缘性很高，但其对光、热的稳定性较差，在不加热稳定剂的情况下，聚氯乙烯的软化点较低，80~85 ℃时开始软化，受热超过 100 ℃时开始分解释放出 HCl，130 ℃以上时分解得更快。光线作用下制品会逐渐老化、降解，发生颜色变化。

聚氯乙烯树脂是一种加工性能较差的高聚物，在加工过程中必须加入大量的增塑剂。此外，根据不同的用途加入稳定剂、润滑剂等添加剂，使聚氯乙烯塑料呈现出不同的物理性能和力学性能。硬质聚氯乙烯具有较好的抗拉伸强度、抗弯强度、抗压强度和抗冲击能力，可做结构材料；软质聚氯乙烯具有较好的柔软性、断裂伸长率和耐寒性，但脆性、硬度及拉伸强度会降低，可做通用塑料。聚氯乙烯的最大特点是阻燃，因此被广泛用于防火，但聚氯乙烯在燃烧过程中会释放出氯化氢和其他有毒气体（如二噁英）。

3. 聚氯乙烯主要质量指标

聚氯乙烯树脂的质量主要以粒度和粒度分布、分子量和分子量分布、黏数、*K* 值、平均聚合度、表观密度、孔隙度、鱼眼、热稳定性、色泽、杂质含量、挥发物含量及粉末自由流动性等性能参数来表征。本任务主要介绍黏数、表观密度、鱼眼和挥发物含量。

（1）黏数。也称比浓黏度，用于表征高聚物相对分子质量的大小。黏数越大，相对分子质量越大，产品型号的序数越小。也可以用 K 值（用来计算高聚物相对分子质量）和平均聚合度表示。

（2）表观密度。是指聚氯乙烯树脂未被压缩时单位体积的质量。表观密度越高，聚氯乙烯树脂颗粒越规整。

（3）鱼眼。也称晶点，是指在聚合条件不当时所形成的少量的具有体型结构的高相对分子质量的聚氯乙烯树脂颗粒。因其吸收增塑剂的能力非常低，在加工条件下不能塑化，在应力作用下将首先破裂，也会由于稳定剂吸收不足而易于分解变色，将影响制品的物理机械性能，其实质是影响了产品的质量。鱼眼的形成与悬浮聚合的配方、工艺和加工配方、工艺都有关，在生产中要分析其形成原因，以减少和消除鱼眼。

（4）挥发物含量。通常指水、残存单体、链转移剂、溶剂等的含量。高挥发物含量过多会导致制品产生气泡和缺陷，高湿度也会使树脂干流动性变差。

示例：某企业聚氯乙烯粉料质量指标（部分）如表 2-14 所列。

表 2-14　某企业聚氯乙烯粉料质量指标（部分）

项目		型号					
		SG1			SG2		
		优等品	一等品	合格品	优等品	一等品	合格品
黏数/（mL · g^{-1}）		156～144			143～136		
K 值		77～75			74～73		
平均聚合度		1785～1536			1535～1371		
杂质粒子数/个		≤16	≤30	≤80	≤16	≤30	≤80
挥发物（包括水）质量分数		≤0.3%	≤0.4%	≤0.5%	≤0.3%	≤0.4%	≤0.5%
表观密度/（g · mL^{-1}）		≥0.45	≥0.42	≥0.40	≥0.45	≥0.42	≥0.40
筛余物质量分数	250/ μm	≤2%	≤2%	≤8%	≤2%	≤2%	≤8%
	63 / μm	≥95%	≥90%	≥85%	≥95%	≥90%	≥85%
鱼眼数/［个 · 400 厘米^2）$^{-1}$］		≤20	≤40	≤90	≤20	≤40	≤90
100 g 树脂增塑剂吸收量/g		≥27	≥25	≥23	≥27	≥25	≥23
白度（160 ℃，10 min）		≥78	≥75	≥70	≥78	≥75	≥70
水萃取物电导率/（μS · cm^{-1} · g^{-1}）		≤5	≤5	—	≤5	≤5	—
残留氯乙烯单体含量/（μg · g^{-1}）		≤5	≤10	≤30	≤5	≤10	≤30

4. 聚氯乙烯主要用途

聚氯乙烯树脂可通过模压、层压、注塑、挤塑、压延、吹塑中空等方式进行加工。在聚氯乙烯树脂中加入适量的增塑剂、热稳定剂等助剂，可制成多种硬质、软质和透明制品，如生产人造革、薄膜、电线护套等软制品，也可生产板材、门窗、管道和阀门等硬制品。聚氯乙烯树脂的主要应用如表 2-15 所列。

表 2-15　聚氯乙烯的主要用途

应用领域	应用实例
型材及异型材	型材及异型材是我国聚氯乙烯消费量最大的领域，约占其总消费量的 25%，主要用于制作门窗和节能材料等
管材和板材	聚氯乙烯管道是聚氯乙烯的第二大消费领域，约占其消费量的 20%。挤出成型可制成硬管、异型管、波纹管，可用作下水管、饮水管、电线套管或楼梯扶手等
一般软制品	挤出成型可制成软管、电缆、电线等；注塑成型可制成塑料凉鞋、鞋底、拖鞋、玩具、汽车配件等
薄膜制品	压延成型可制成包装袋、雨衣、桌布、窗帘、充气玩具、塑料大棚、地膜等
涂层制品	压延成型可制成人造革，可用来制作皮箱、皮包、书的封面、沙发、汽车的坐垫、地板革等
泡沫制品	发泡成型可制成泡沫塑料，可用来制作泡沫拖鞋、凉鞋、鞋垫、防震缓冲包装材料等
透明片材	压延成型可制成透明的片材，可用来制作薄壁透明容器或用于真空吸塑包装等
丝状制品	聚氯乙烯单丝可用于制作各种绳索、编织窗纱等
其他	可用于制作仿木材料、代钢建材等

子任务一　聚氯乙烯生产原理

【任务介绍】

依据单体氯乙烯的结构特征，从理论上分析判断合成聚氯乙烯所遵循的聚合机理，生产上如何选择合适的引发剂，以及采用什么方法控制聚合反应速率及产物的相对分子质量。

【相关知识】

氯乙烯的聚合按自由基型聚合反应机理进行。聚合反应式可表示如下：

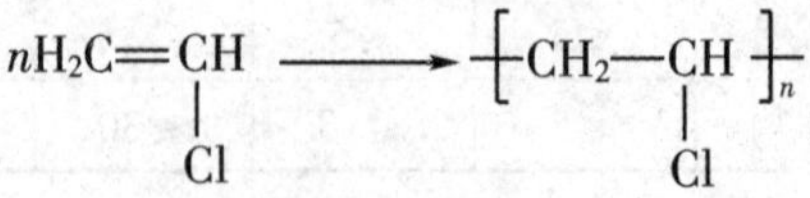

一、单体的性质及来源

氯乙烯单体在常温常压下是一种无色、带有乙醚香味的气体，易液化，微溶于水，易溶于乙醇、乙醚、丙酮及烃类等多数有机溶剂；氯乙烯有麻醉性，高浓度能使人产生急性中毒，人体长期吸入易引发癌症；氯乙烯易发生氧化、加成、聚合等反应，是基本有机化工的重要基本原料。工业生产中，加压使其液化为液体进行贮存与输送，管道与容器必须耐压，且要防止泄漏。

工业上，氯乙烯主要通过乙炔路线、乙烯氧氯化路线和混合烯炔法等途径获得。

二、氯乙烯自由基型聚合反应机理

单体氯乙烯结构中取代基氯原子的特殊性决定了氯乙烯只能进行自由基型聚合。由于结构中的C—Cl键能较低，氯乙烯中的氯原子很容易被夺取，易发生向单体转移反应，且向单体链转移常数C_M值是乙烯基单体中最大的，甚至远远超过正常的终止速率。因此，聚氯乙烯的平均聚合度仅取决于向单体链转移常数C_M。通常，聚合温度升高，C_M值增大，聚氯乙烯产物的聚合度降低。氯乙烯悬浮聚合时产物的聚合度与引发剂用量、单体转化率基本无关，只取决于聚合温度。因此，生产上采用聚合温度控制聚合度，引发剂种类和用量主要用于调节聚合反应速率和生产周期长短。

在实际生产中，当聚合温度在60 ℃以下时，聚氯乙烯平均聚合度仅取决于聚合温度，与引发剂浓度、转化率无关，因此可调整聚合温度来改变聚氯乙烯产品牌号。当聚合温度在60 ℃以上时，除适当改变温度外，还需加入少量链转移剂来控制产物的相对分子质量，以免在较高温度下造成过高的操作压力，同时也可减少对树脂热稳定性的影响。因此，严格控制聚合温度是保证聚氯乙烯不转型的重要手段。

子任务二　聚氯乙烯生产工艺

【任务介绍】

依据悬浮法生产聚氯乙烯的原理特征，正确分析生产聚氯乙烯所需的原料及其作用与规格，正确分析聚合用设备特点及影响氯乙烯悬浮聚合的主要因素。

【相关知识】

一、氯乙烯悬浮聚合生产工艺

氯乙烯悬浮聚合是以偶氮或有机过氧化物等为引发剂，以无机或有机物等为分散剂，以无离子水为分散和导热介质，借助搅拌作用，使液体氯乙烯（在压力下）以微珠形状悬浮于水介质中进行的聚合反应。

1. 主要原料

（1）单体。由于氯乙烯单体来源途径不同，所含的杂质也有所不同，带入聚合体系将影响生产，因此，工业生产中对聚合用氯乙烯的纯度及有害杂质的含量有一定要求。氯乙烯单体中的主要杂质有以下几种。

① 氧。聚合体系中氧的存在对聚合反应起阻聚作用，易生成氧化物使链终止，导

致产物聚合度下降，也会使聚氯乙烯产品热稳定性变差，产品易变色。此外，氧的存在会使体系 pH 值降低，黏釜现象严重。悬浮聚合生产中的氧主要由水带入，可采用等温水入釜或真空抽气的办法降低含氧量，气相中的氧可采用密闭入料工艺来降低含氧量。

② 乙炔。聚合体系中存在乙炔，容易与体系中的游离基发生链转移反应，不仅使产物聚合度降低，还会使聚合速率变慢。链转移反应所产生的炔型游离基进行链增长反应，使大分子中含烯丙基氯等链节，会导致产品热稳定性变差。

③ 铁。聚合体系中存在铁，易与有机过氧化物引发剂反应，将使聚合诱导期增长，反应速率减慢，产品的热稳定性变差，还会降低产品的介电性能。

④ 高沸物。氯乙烯单体中的高氯化物、乙醛、二氯乙烷等高沸物都是活泼的链转移剂，能降低聚氯乙烯聚合度及反应速率。此外，水中 Cl^- 的存在对聚合物颗粒度影响很大，易使颗粒变粗，所以聚合用水中 Cl^- 一般控制在 10^{-5} 以下。

（2）引发剂。由于氯乙烯悬浮聚合温度为 50～60 ℃，应依据反应温度选择半衰期合适的引发剂来保证最佳的反应时间。为提高生产能力，也应选择半衰期合适的单一或复合型引发剂，以使聚合过程有比较均一的聚合速率，多采用复合引发剂（即两种引发剂混合使用），但两种引发剂的配比，按照生产树脂的牌号不同而有所不同。采用两种引发剂混合物，原因在于活性高的引发剂在聚合前期分解速度快、引发效率高，另一种活性低的引发剂在聚合后期引发效率高，从而使整个聚合反应速率保持稳定，不仅能缩短反应时间，还能提高单体的转化率。生产相对分子质量较低的聚氯乙烯树脂时，可使用一种引发剂。

目前，氯乙烯悬浮聚合普遍采用的主引发剂是过氧化二碳酸二辛酯（EHP）。它是无色、透明的液体，低毒，溶于乙醇、甲苯等，不溶于水。其主要特点是能在较低温度下提供自由基来引发氯乙烯加成反应，可使用偶氮类引发剂（偶氮 2,4-二甲基戊腈）作为辅助引发剂，也可采用过氧化新癸酸异丙苯酯（CNP）为引发剂引发氯乙烯聚合。

（3）分散剂。悬浮聚合体系中的分散剂应能降低界面张力（利于液滴分散）和保护能力（防止颗粒聚并），单一分散剂很难满足要求。为了制得颗粒疏松匀称的聚氯乙烯树脂，往往采用两种及两种以上的分散剂复合使用。

聚氯乙烯悬浮聚合多采用亲水性大分子化合物的有机分散剂，目前，普遍采用羟丙基甲基纤维素（HPMC）和聚乙烯醇复合使用。

（4）缓冲剂。悬浮法生产聚氯乙烯工艺中使用缓冲剂的作用是中和聚合体系中的 H^+，维持聚合反应体系的 pH 值近似中性，有助于聚合胶体的稳定。常采用的缓冲剂是碳酸氢铵，通常将其与水混合后加入聚合釜。

（5）终止剂。聚氯乙烯生产中多采用常规终止剂和紧急事故终止剂。常规终止剂用于聚合反应结束时的聚合终止，通过有效地与引发剂反应，使聚合反应在设定的转化率下终止，以保证聚氯乙烯树脂的质量。常采用丙酮缩氨基硫脲（ATSC）为终止剂，它是白色片状结晶，属剧毒化学品。紧急事故终止剂在紧急事故状态下加入，常采用的是α-甲基苯乙烯。

（6）消泡剂。聚氯乙烯在聚合反应结束，回收未反应的单体时，往往由于压降而引起气体体积的急剧膨胀和料层内液态单体的沸腾，回收的气相单体夹带出许多树脂泡沫，影响传热，甚至造成管路堵塞。因此，工业生产中，在配制分散剂溶液时会加入消泡剂，可保证分散剂溶液配制及以后的加料、反应过程中不至于产生泡沫。工业上常用的消泡剂有邻苯二甲酸二丁酯、羧酸甘油酯等。

（7）防黏釜剂。悬浮法生产聚氯乙烯工艺时，黏釜现象比较严重，也是聚氯乙烯生产必须解决的工艺问题之一。由于聚氯乙烯不溶于单体，黏釜聚合物会脱落混入产品树脂中，不易塑化，会产生鱼眼，严重影响树脂质量。过去采用人工清釜，不但劳动强度大，釜底残存物也会危害工人健康。目前，多采用在聚合釜开始加料之前加入防黏釜剂。将防黏釜剂由蒸气雾化成液滴后喷涂在聚合釜内表面及内部构件表面，用来抑制聚合反应时粘壁。在喷涂过程中，聚合釜内压力必须接近大气压力且要保持表面冷却，以便使防黏釜剂冷凝。

（8）阻聚剂。氯乙烯聚合反应由终止剂终止以后，釜内浆液中还会含有部分未反应的氯乙烯，在回收系统的罐和管线中会与引发剂自由基发生聚合反应，造成管道堵塞。因此，在回收系统中需要注入少量阻聚剂以抑制自由基型聚合反应的发生。

（9）链转移剂。虽然聚氯乙烯相对分子质量的大小主要取决于聚合温度，但在生产中，为了避免生产相对分子质量较低的聚氯乙烯树脂而需要较高的聚合温度，往往采用加入少量链转移剂的方法，以在较低的聚合温度下得到低相对分子质量的聚氯乙烯树脂。常用的链转移剂有硫醇和巯基乙醇。

（10）抗鱼眼剂。为了减少聚氯乙烯树脂中含有结实的圆球状鱼眼的数量，保证产品质量，可加入抗鱼眼剂。常用的抗鱼眼剂有苯甲醚的叔丁基和羟基衍生物。

2. 氯乙烯悬浮聚合

氯乙烯悬浮聚合生成的聚合物不溶于自身单体，由最初的液相变成固相，是典型的非均相聚合，生成的产物多数呈不规则形状，表面粗糙，内部有微小空隙。在合成过程中，如果选用不同种类的分散剂，可以得到颗粒结构和形状不同的紧密型和疏松型两种树脂。两者主要区别在于吸收增塑剂的量不同。采用明胶为分散剂时，产品多为紧密型树脂，在显微镜下呈乒乓球状，吸收增塑剂能力低，主要用于生产硬制品；采用聚乙烯醇、甲基纤维素或羟乙基纤维素时，产品为疏松型树脂，在显微镜下呈棉花团状，吸收增塑剂能力强，易塑化，鱼眼少，成型时间短，加工操作方便，适用于粉料直接成型。因此，国内各树脂厂生产的粉状聚氯乙烯树脂大多数都是疏松型的。

二、聚合反应设备

氯乙烯悬浮聚合一般采用带有夹套和搅拌器的立式反应釜，也称聚合反应釜，简称反应釜，分为有搅拌和无搅拌两种，图 2-34 所示为带搅拌釜式反应器结构示意图。这类反应器的适应性强、操作弹性较大，适用的压力和温度范围较宽，既可用于间歇操作，也可用于连续操作，并且釜内的温度和浓度均一，生产上容易控制，所得的产品质量均一，因而应用最广泛。生产中，不同的生产工艺，聚合反应釜的结构也有所不同。工业上，聚氯乙烯、乳液丁苯、溶液丁苯、乙丙橡胶、顺丁橡胶等聚合物的合成均采用釜式反应器。反应釜结构主要包括釜体、换热装置、搅拌装置及轴封装置等。

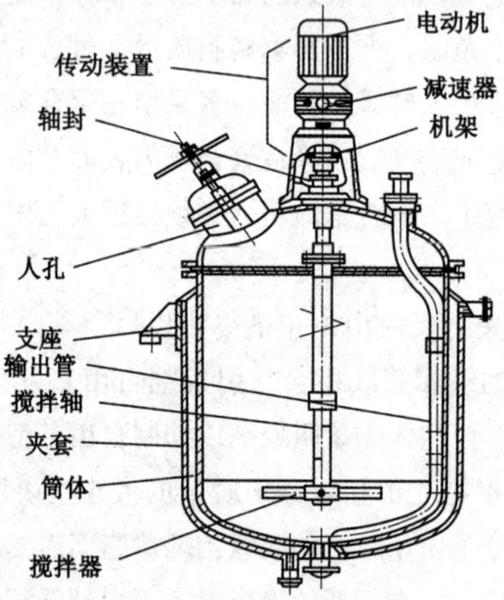

图 2-34　带搅拌釜式反应器结构示意图

目前，国内生产聚氯乙烯的反应釜型号主要有 30，45，70，100，135 m^3，国外还有更大一些型号的。反应釜容积越大，生产能力越大，但传热面积会减少，需要设置辅助装置补充传热面积。本任务主要介绍一种常见的型号为 70 m^3聚合釜的基本结构。

1. 釜体

釜体材质多采用搪玻璃、不锈钢和复合钢板。

2. 换热装置

聚合反应多数为放热反应，为了控制产品相对分子质量，应维持釜内物料温度在规定的范围内波动不能过大。因此通常设置夹套，在此空间内通入流体，用以加热或冷却物料。夹套传热是聚合釜的主要传热方式。有时为提高夹套的传热能力，可在夹套内安装螺旋导流板，或在夹套的不同高度等距安装扰流喷嘴，也可采用切线进水。聚合的传热方式除夹套传热和内冷件传热外，也可采用回流冷凝器及釜外物料循环传热等。图 2-35 所示为几种常见釜式聚合反应器的排热方式。

聚氯乙烯悬浮聚合工艺要求聚合釜有较高的传热能力，釜内各处物料和各段时间内

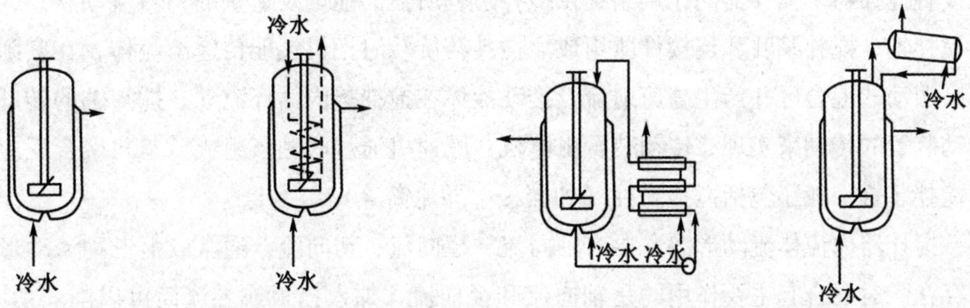

（a）夹套冷却　（b）夹套外加内冷管冷却　（c）反应物料釜外循环冷却　（d）回流冷凝器冷却

图 2-35　几种常见釜式聚合反应器排热方式

的聚合温度要保持恒定，局部过热或短期超温都将形成相对分子质量较低的聚合物，从而影响树脂热稳定性。因此，为了取得较好的传热效果，常采用以下几种措施。

（1）采用半圆管式夹套。夹套传热是立式聚合釜的主要传热方式，常见的有 U 形夹套、圆筒形夹套和半圆管式夹套。半圆管式夹套是将半圆管焊接在釜的外壁，提高了冷却水流速，有效地提高了釜的传热系数。同时，半圆管式夹套类似于加强圈，对釜壁起到很好的加强作用。

（2）釜内加折流板。在聚合釜内插入两根 D 形折流板或指形折流板，如图 2-36 所示。也可在该釜内安装四根与釜底部固定的圆形套管式挡板（与釜壁无任何固定点），通入冷却水增加传热面积，可提高传热效果。

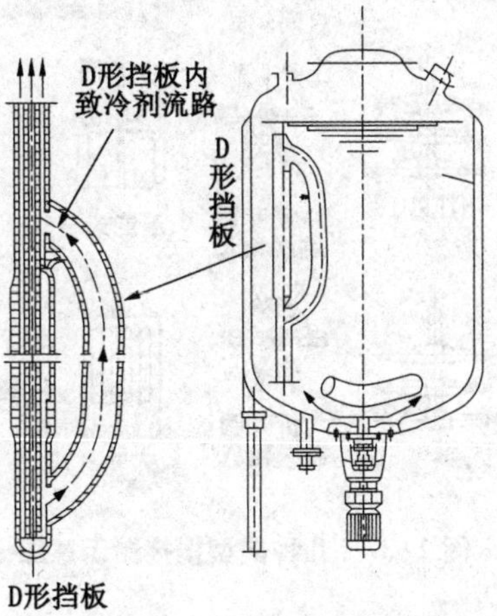

图 2-36　D 形折流板

（3）釜顶安装回流冷凝装置。为了及时移走反应热，提高反应釜夹套的冷却效率，在聚合釜上部安装回流冷凝器，形成釜外物料循环传热，提高传热效果。

3. 搅拌装置

在釜式聚合反应器中，为实现釜内物料的流动、混合、传质、传热等各种作用，必须设置搅拌器。搅拌器的作用是提供搅拌过程所需的能量及适宜的物料流动状态，主要由搅拌轴、搅拌桨叶和连接件所组成。搅拌器旋转时把机械能传递给流体，在其附近形成高湍动的混合区并产生高速射流，推动液体在搅拌釜内循环流动。搅拌轴的转动通过传动装置的传动来实现，传动装置由电机、减速机通过联轴节组成。釜式聚合反应器内的搅拌装置一般还包括搅拌附件（如挡板、导流筒等）。

搅拌器内流体流动形态主要有轴向流、径向流、切向流，通常以上三种流动形态同时存在。对混合起主要作用的是轴向流和径向流，加入挡板或导流筒可以削弱切向流，增强轴向流和径向流。因此，搅拌器种类很多，可以按照不同方法进行分类。按照流动形态可分为轴流式、径流式和混流式搅拌器；按照结构可分为平叶、折叶和螺旋面叶搅拌器。根据桨叶结构形式及尺寸大小，不同搅拌器适用于不同的搅拌体系。图 2-37 所示为几种典型搅拌器示意图。

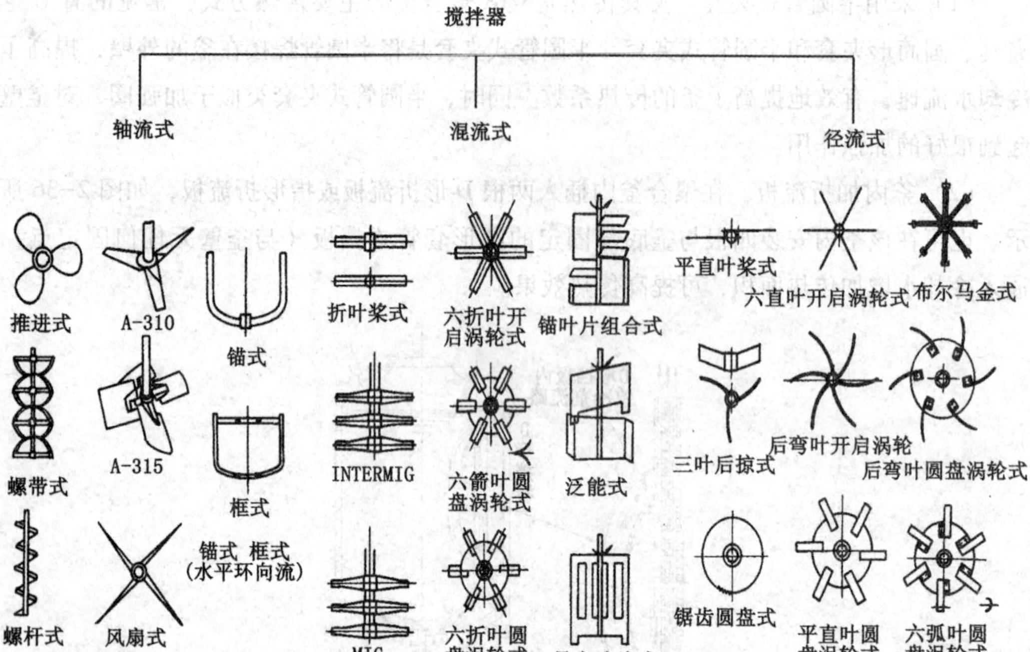

图 2-37　几种典型搅拌器示意图

桨式（平桨、斜桨）、透平式和推进式搅拌器因桨叶尺寸较小，搅拌转速较高，一般用于低黏度体系的搅拌；锚式、框式、螺带式和螺杆式搅拌器的桨叶尺寸较大（螺杆式搅拌器除外），搅拌转速较低，一般用于高黏度体系的搅拌；采用螺杆式搅拌器时，一般与螺带式搅拌器或导流筒配合使用；对于黏度极高的体系，还可采用带刮板的螺带式搅拌器或采用双层或多层搅拌桨叶，也可根据需要采用两种或两种以上桨型的组合。

搅拌是悬浮聚合中的重要因素，能使单体均匀分散并悬浮成微小的液滴。悬浮液滴的大小由搅拌叶的旋转对液体产生的剪切力大小决定，剪切力越大，形成的液滴越小。搅拌叶桨的种类很多，其中，三叶后掠式搅拌器（如图 2-38 所示），能同时进行径向和轴向循环，其容积、循环速率和剪切作用都很大，搅拌充分，能消除温度的不均匀性，保持良好的传热，获得规整而疏松多孔的树脂产品，并能够适应聚合操作过程中黏度的升高。因此，工业上悬浮法生产聚氯乙烯常采用下传动底伸式两至三层三叶后掠式搅拌器。这种搅拌器可避免顶伸式长轴下部与轴瓦产生塑化片而影响产品质量的缺点，多层三叶后掠式搅拌器增加了轴向转动力，克服了一叶后掠式搅拌器轴向循环量不足的缺点，使聚合体系轴向混合均匀，有利于改善树脂的颗粒度分布和釜内的温度分布，提高了釜的传热效率和产品质量。

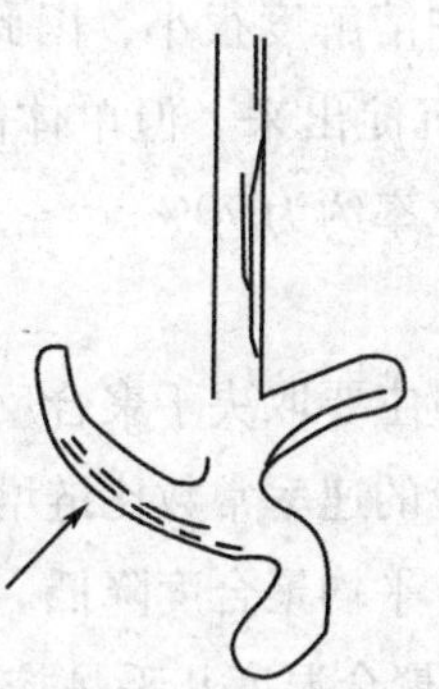

图 2-38　三叶后掠式搅拌器

同时，搅拌还可以提供一定的循环量，使釜内物料在轴向、径向均匀流动和混合，使釜内各部温度均匀一致。若釜内存在径向和轴向温差，则温度较高部位形成树脂的相对分子质量较低，温度较低部位形成相对分子质量较高，造成树脂的相对分子质量分布不均匀。搅拌的循环量根据釜型的不同而异。

4. 轴封装置

轴封装置是指在搅拌轴与釜体间的动密封和在釜体法兰与各接管处法兰间的静密封。动密封有机械密封和填料密封两种，轴封是聚合釜唯一的动密封点，是釜式聚合反应器的重要组成部分。轴封的作用是保证聚合釜内处于一定的正压或真空度，防止反应物逸出或杂质渗入，轴封的好坏直接影响聚合釜的运行和生产，其泄漏不但会严重影响釜内的物料组成和产品质量，还会造成环境污染，增大能耗，甚至会造成火灾或爆炸。

5. 喷淋装置

为了减少黏釜现象，通常在釜的顶部安装用于喷涂防黏釜液和冲洗釜壁的电动喷淋阀。这种电动喷淋阀能上下伸缩，喷嘴也能360°旋转，使釜内各个部位都能得到喷涂和冲洗。

6. 其他装置

其他装置主要指各种用途的接管、人（手）孔及支座等。

三、聚氯乙烯的生产工艺特点

聚氯乙烯的生产工艺：将各种原料与助剂加入反应釜，在搅拌器的作用下充分均匀分散，然后加入适量的引发剂开始反应，并不断地向反应釜的夹套和挡板通入冷却水，达到移出反应热的目的。当氯乙烯转化成聚氯乙烯的转化率达到一定时，出现一个适当的压降，即终止反应出料，反应完成后的浆料经汽提塔脱出单体氯乙烯后送至干燥工序脱水干燥。

1. 特殊的沉淀聚合

由于聚氯乙烯在单体氯乙烯中溶解度很小，因此，当转化率小于 0.1%时，聚氯乙烯或短链自由基就会从氯乙烯中沉淀出来。但单体能溶胀聚氯乙烯，只有单体相消失后，体系才只有聚合物，此时转化率约为 70%。

2. 聚合反应温度

聚氯乙烯树脂的相对分子质量主要取决于聚合反应温度。当温度升高时，聚氯乙烯活性大分子向单体进行链转移反应的速率常数比链增长反应速率常数增加得快，因而当温度增加时，链转移的常数增加，平均聚合度降低。所以在工业生产中，如不使用链转移剂（相对分子质量调节剂），则聚合温度几乎是控制聚氯乙烯相对分子质量的唯一因素。为了获得不同聚合度和相对分子质量分布均匀的高质量产品，对聚合温度的波动范围应有严格的控制，准确性要求很高，一般要控制在±0.2 ℃。

3. 转化率

氯乙烯悬浮聚合低转化率时，液滴有聚并的倾向，处于不稳定状态；转化率增高后，由分散剂形成的膜强度增加，聚并减少，逐渐稳定。初级粒子逐渐形成开孔结构比较疏松的聚集体，类似海绵结构，达到一定转化率后，海绵结构变得牢固起来，变成不再活动变形的骨架，最后形成疏松颗粒。但随着转化率的提高，继续聚合时，外压将大于颗粒内压力，颗粒塌陷，新形成的聚氯乙烯逐步充满颗粒内和表面的孔隙，使结构致密。因此，如需获得疏松树脂，除分散剂、搅拌等条件应合适外，还要将单体转化率控制在一定范围内，通常控制在 85%以下。

4. 水油比

水的用量与单体用量之比称为水油比，它也是生产上重要的影响因素。悬浮聚合中，水主要起到了传热介质、溶解分散剂及分散介质的作用。当水油比大时，聚合反应的传热效果好，聚合物粒子比较均匀，生产容易控制，但生产效率低。氯乙烯聚合时，通过搅拌将氯乙烯分散成 30~150 μm 的液滴，当水油比为 1∶1 时，就有足够的自由流体，此时体系黏度较低，保证流动和传热。但聚合成疏松粒子后，内外孔隙和颗粒表面吸附相当量的水，致使自由流体减少，体系黏度剧增，传热困难。因此，起始水油比应保持一定值以上。水油比过低将使粒度分布变差，颗粒形状和表观密度均受影响。生产上，水油比一般为1.0∶1.0~2.5∶1.0。

子任务三　聚氯乙烯生产主要岗位任务

【任务介绍】

依据聚氯乙烯生产工艺过程，理解并掌握主要岗位的工作任务及操作要点，能绘制生产工艺流程框图。

【相关知识】

生产上，氯乙烯悬浮聚合采用间歇法生产，主要岗位有氯乙烯精制、引发剂配制、分散剂配制、助剂配制、聚合反应、浆料汽提、离心分离、干燥及产品包装等。

1. 氯乙烯精制

① 岗位主要任务。负责单体氯乙烯的精制，达聚合级质量要求。

② 操作要点。

❖氯乙烯杂质。氯乙烯单体中影响聚合的主要杂质有微量氧，乙炔，乙醛，水中的铁离子、氯离子等，它们主要影响聚合速率、产品聚合度及粒径大小等，也易形成鱼眼。

❖解决办法。提高单体纯度；采用等温、密闭入料工艺，降低含氧量；采用去离子水，严格控制水中镁离子、钙离子及氯离子含量。

2. 引发剂配制

① 岗位主要任务。负责引发剂配制，为聚合反应提供引发剂。

② 操作要点。引发剂计量后加入贮槽，经配制后，由加料泵打入聚合釜。

3. 分散剂配制

① 岗位主要任务。负责分散剂配制，为聚合反应提供分散剂。

② 操作要点。分散剂计量后加入贮槽，经配制、计量后，由加料泵打入聚合釜。

4. 助剂配制

① 岗位主要任务。负责缓冲剂、消泡剂、链转移剂等助剂的配制，为聚合反应提供定量的各种助剂。

② 操作要点。缓冲剂、消泡剂、链转移剂等助剂经配制后，由加料泵打入聚合釜。

5. 聚合反应

（1）反应器进料。

① 岗位主要任务。负责各种原料按产品配方、进料顺序加入聚合釜。

② 操作要点。

❖聚合釜入料前检查、涂釜。

❖按工艺配方分别将缓冲剂、水、氯乙烯、分散剂、引发剂等引入聚合釜。

（2）反应条件控制。

① 岗位主要任务。根据产品牌号要求，由 DCS 控制反应温度、压力、转化率等反应条件，保证产品质量。

② 操作要点。

❖主要控制聚合釜监控温度、压力、液位、搅拌负荷、反应速率、冷却水流量、反应终止点等反应条件。

❖严格控制反应温度，保证树脂相对分子质量。

❖反应结束，加终止剂、消泡剂。

❖浆料靠釜内压力和出料泵出料至混料槽。

❖出料后要根据配方用高压、大量水冲洗聚合釜。

6. 浆料汽提

① 岗位主要任务。负责脱除浆料中残留未反应的氯乙烯单体、低相对分子质量物质和少量助剂，得到合格的聚氯乙烯浆料，送离心、干燥处理。

② 操作要点。

❖采用塔式汽提工艺，具有节能、环保、操作简单等特点。

❖塔式汽提用水蒸气与聚氯乙烯浆料在塔板上连续逆向接触。

❖水蒸气从汽提塔底部进入，浆料从塔上部进入，其蒸气与脱析出来的氯乙烯从塔顶逸出，浆料从塔底出料。

❖当塔操作稳定在恒定的进料量和水蒸气量时，塔操作处于最佳状态。

7. 离心分离

① 岗位主要任务。负责将通过汽提塔处理后的浆料经离心机脱除大部分水分，送干燥系统。

② 操作要点。浆料经过滤器进入离心机进行产物和水的分离，除去大部分水分，得到的湿树脂由螺旋输送器送入气流干燥器、旋风分离器。

8. 干燥

① 岗位主要任务。负责将离心分离后的湿树脂经过气流干燥、旋风干燥，使含水率达质量要求，经振动筛分离后送料仓供包装。

② 操作要点。

❖热空气与湿物料在气流干燥器并流接触，进行传质传热过程。

❖干燥后物料从气流干燥器顶部出来，沿切线方向进入旋风干燥床的下部，物料在旋风干燥床内旋转上升，继续与热空气进行传质传热。

❖通常采用一、二级串联旋风分离器，使干燥后的树脂含水率达质量要求。

9. 产品包装

① 岗位主要任务。负责将合格的聚氯乙烯树脂产品送至包装仓，经称重，由包装机包装后出厂销售。

② 操作要点。合格的聚氯乙烯树脂（干燥后含水率不大于0.4%）经过筛分后，送至混料仓，从料仓排出送至包装机进行包装。

子任务四　聚氯乙烯装置生产工艺流程

【任务介绍】

依据聚氯乙烯生产岗位的主要工作任务，识读聚氯乙烯装置的生产工艺流程图，能准确描述物料走向。

【相关知识】

一、聚氯乙烯装置生产工艺流程图

聚氯乙烯装置生产工艺流程图如图2-39所示。

二、聚氯乙烯装置生产工艺流程说明

缓冲剂中加入定量去离子水配制后，由加料泵加入聚合釜。新鲜氯乙烯液体经单体过滤器除掉杂质后进入新鲜单体贮槽，回收的氯乙烯经冷凝后进入回收单体贮槽，由单体加料泵按一定比例经加料过滤器、流量计加入聚合釜。去离子水进入贮槽，经流量计加入聚合釜。分散剂中加入定量去离子水配制后，进入分散剂贮槽，两种分散剂分别由分散剂循环泵加入分散剂称重槽，由分散剂加料泵加入聚合釜。引发剂在引发剂配制槽中配制完毕后，进入引发剂贮槽，经引发剂循环泵进入引发剂称重槽，再由引发剂加料泵加入聚合釜。终止剂中加入定量去离子水配制，待聚合反应完成后，由终止剂加料泵加入聚合釜。涂壁液在聚合釜入料前，由加料泵经蒸汽汽化喷涂在聚合釜釜壁上。

聚合釜反应完成后，由浆料输送泵将釜中浆料打到出料槽中，由浆料输送泵，经汽提塔浆料过滤器、螺旋板换热器预热后打入汽提塔上部与蒸汽自下而上逆向接触，被脱析出的氯乙烯气体经冷凝器冷凝进入冷凝水分离器，氯乙烯气体排至气柜。冷凝下来的冷凝液经冷凝液泵打至母液回收槽。经汽提后的浆料由塔底浆料经冷却后进入混料槽，由泵送至离心干燥。

聚合釜出料至出料槽后，未反应的氯乙烯气体从出料槽进入回收分离器，分离后的氯乙烯气体经过滤器，在压力大于回收冷凝器压力时，直接进入回收冷凝器。冷凝下来的氯乙烯液体回到回收单体贮槽，未冷凝的氯乙烯气体排至气柜。

贮存在混料槽的浆料经浆料过滤器由浆料泵送至离心机进口，进入离心机进行洗涤离心，含有微量树脂的母液送至母液分离器，母液在母液分离器中沉降分离，下部树脂通过母液回收泵定期送至浆料槽，上部澄清液排至废水池。离心脱水后的湿树脂由

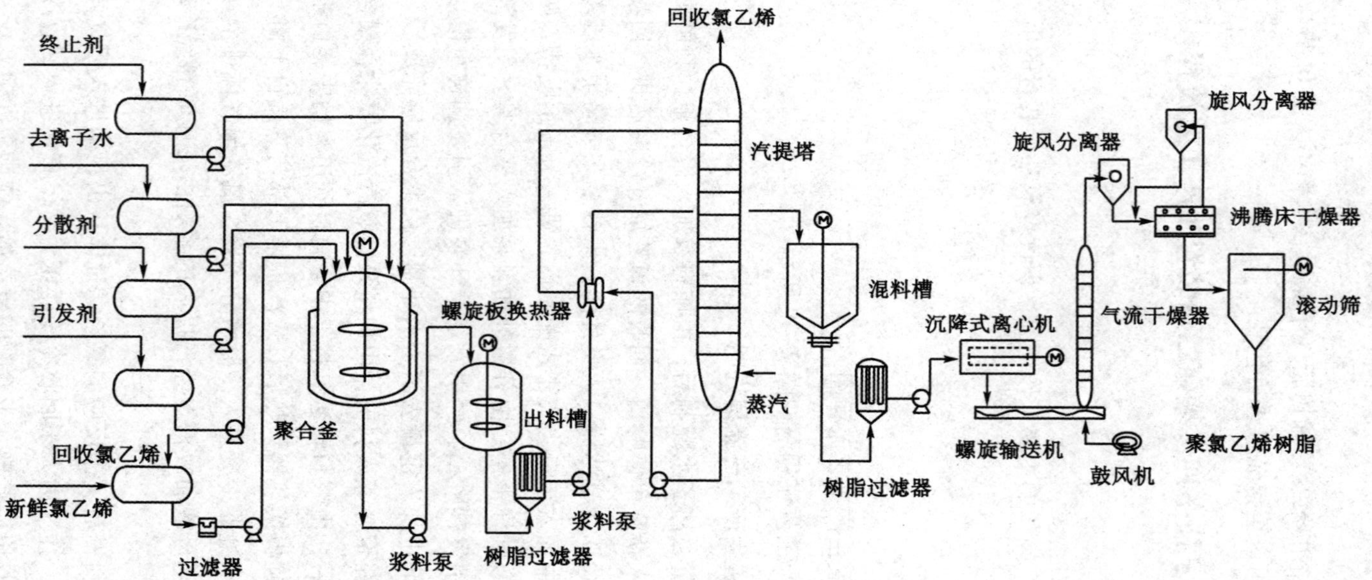

图2-39　聚氯乙烯装置生产工艺流程图

螺旋输送器送入气流干燥器，空气经过滤后由鼓风机输送，经散热器加热后，进入气流干燥器，与物料并流接触，进行传质传热过程。未饱和的湿热空气和物料一起从气流干燥器顶部出来，沿切线方向进入旋风干燥床的下部，物料在旋风干燥床内旋转上升，继续与热空气进行传质传热过程，由旋风干燥器顶部切线方向排出的湿空气和树脂进入两个串联的旋风分离器，湿空气经抽风机排入大气。旋风分离器出来的树脂经过筛分后进入仓泵，经仓泵密闭送至混料仓，树脂进入混料仓的同时，混匀的树脂从料仓底部排出送至包装机进行包装。

任务八 聚苯乙烯的生产工艺分析

【知识目标】

（1）掌握苯乙烯聚合的反应机理。

（2）掌握苯乙烯聚合引发剂的选择原则。

（3）掌握生产聚苯乙烯的主要原料及作用。

（4）掌握聚苯乙烯装置的生产工艺及生产特点。

（5）掌握聚苯乙烯生产主要岗位设置及各岗位的工作任务。

【能力目标】

（1）能正确分析聚苯乙烯生产岗位的工作任务。

（2）能识读聚苯乙烯生产工艺流程图。

聚苯乙烯是由苯乙烯单体经自由基型聚合而获得的高聚物，由于它具有较好的刚性、透明性、耐水性、耐腐蚀性及优异的电绝缘性，且价格低廉、易成型加工，因此广泛应用于各个领域中。聚苯乙烯的主要原料及产品示意图如图 2-40 所示。

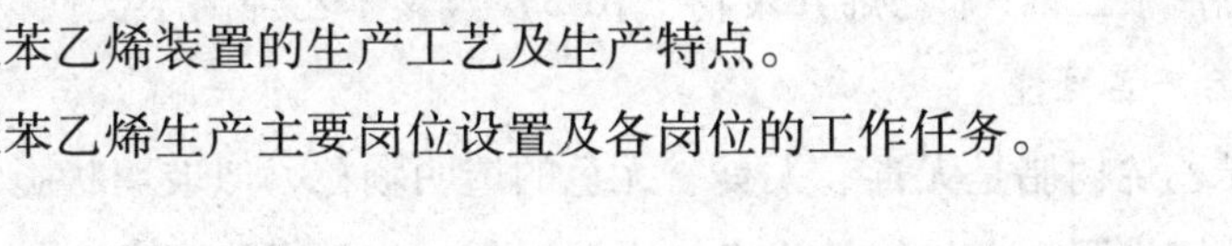

主要原料：液态苯乙烯　　　　产品：聚苯乙烯树脂

图 2-40 聚苯乙烯的主要原料及产品示意图

一、聚苯乙烯制品

以聚苯乙烯树脂为原料，加入各种添加剂，按产品用途不同采用相应的成型加工方法，可以得到各种用途的聚苯乙烯塑料制品。聚苯乙烯制品如图 2-41 所示。

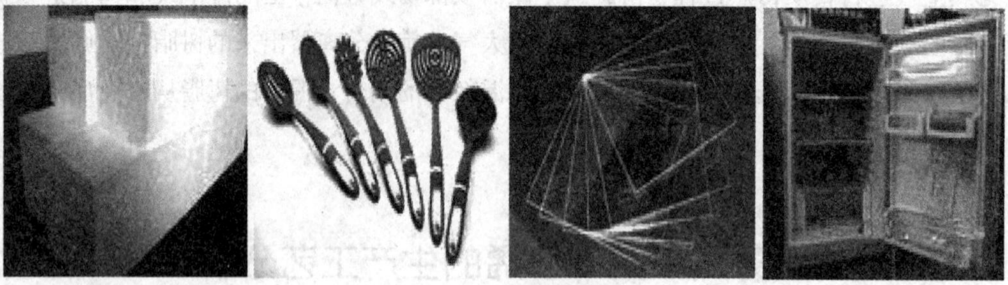

PS 泡沫板　　PS 叉勺　　PS 塑料板　　改性 PS 塑料

图 2-41　聚苯乙烯制品

二、聚苯乙烯的性能及用途

1. 聚苯乙烯主要品种

聚苯乙烯是苯乙烯系列树脂的主要品种之一，属通用型聚苯乙烯（general-purpose polystyrene，GPPS）。其系列品种还有可发性聚苯乙烯（EPS）、高抗冲性聚苯乙烯（HIPS）、丙烯腈-丁二烯-苯乙烯共聚物（ABS）及聚苯乙烯离子交换树脂等。

2. 聚苯乙烯产品性能

通用型聚苯乙烯树脂是无毒、无臭、无色的透明颗粒，似玻璃状脆性材料。其制品具有高度透明、刚性强、电绝缘性优良、吸湿性低、表面光洁度高、易成型等特点，但不耐冲击、性脆易裂，所以开发了高抗冲、可发性聚苯乙烯等系列品种。

3. 聚苯乙烯产品质量指标

聚苯乙烯树脂的质量主要通过熔体流动速率、抗伸屈服应力、断裂伸长率、洛氏硬度等性能参数来表征。

（1）抗伸屈服应力。在材料拉伸（压缩）过程中，当应力达到一定值后，应力有微小的增加，而应变却急剧增长的现象，称为屈服。使材料发生屈服时的正应力就是材料的屈服应力。

（2）断裂伸长率。是指材料试样在拉断时的位移值与原长度的比值，以百分比表示。

（3）洛氏硬度。是以压痕塑性变形深度来确定硬度值的指标。在洛氏硬度试验中采用不同的压头和试验力会产生不同的组合，对应于洛氏硬度不同的标尺。

表 2-16 所列为某企业聚苯乙烯产品主要质量指标。

表 2-16　某企业聚苯乙烯产品主要质量指标

分析项目	指标		
	优级品	一级品	合格品
颗粒外观(活染粒子)/(个·千克$^{-1}$)	≤7	≤15	
软化点(维卡)/℃	≥85		
熔化流动速率/[g·(10 min)$^{-1}$]	2.7~3.8		2.5~4.0
抗伸屈服力应力/MPa	≥18	≥16	≥14
断裂伸长率	≥42%		
悬壁梁冲击强度/(J·m^{-1})	60	55	
洛氏硬度(R 标尺)	90		
残留苯乙烯单体/(mg·kg^{-1})	≤850		

4. 聚苯乙烯的用途

通用型聚苯乙烯具有透明、价廉、刚性强、绝缘和卫生性好等优点，因此在家用电器、电子电气工业和通用器材工业等领域具有广泛用途。

将各种聚苯乙烯进行改性或掺混制成的塑料合金和掺混料的基本树脂达百余种，形成了聚苯乙烯系列树脂，拓宽了通用型聚苯乙烯的应用范围，广泛应用于汽车制造、建筑材料、家用电器、日用品等领域。聚苯乙烯系列树脂的主要用途如表 2-17 所列。

表 2-17　聚苯乙烯的主要用途

聚苯乙烯品种	应用实例
通用型	通用型聚苯乙烯可用于制造一次性包装品、仪表外壳、灯罩、仪器零件、透明模型、电讯零件、高频绝缘衬垫、嵌件、支架及冷冻绝热材料等。此外，还可用作日用品，如纽扣、梳子、牙刷及玩具等
发泡型	可发性聚苯乙烯是在普通聚苯乙烯中浸渍低沸点的物理发泡剂制成，加工过程中受热发泡，专门用来制作泡沫塑料制品
高抗冲型	高抗冲聚苯乙烯是由弹性体改性聚苯乙烯制成的热塑性材料。提高了聚苯乙烯的抗冲击强度。广泛用作包装材料，如家用电器、仪表、汽车零件及医疗设备的包装
共聚物	ABS 树脂是丙烯腈-丁二烯-苯乙烯三元共聚物，具有优良的耐冲击韧性和综合性能，是重要的工程塑料之一。广泛用于制作电话机、洗衣机、复印机和厨房用品等壳体材料，齿轮、轴承、管材、管件等机械配件，以及方向盘、仪表盘、挡泥板等汽车配件
聚苯乙烯离子交换树脂	离子交换树脂是分子中含有活性功能基而能与其他物质进行离子交换的树脂，主要用于纯水制备、药物提纯、稀有金属和贵重金属的提纯等

子任务一　聚苯乙烯生产原理

【任务介绍】

依据单体苯乙烯的结构特征，从理论上分析判断合成聚苯乙烯所遵循的聚合机理，生产上如何选择合适的引发方式，可采用什么方法控制聚合反应速率及产物的相对分子质量。

【相关知识】

苯乙烯的均聚及共聚合反应可按自由基型聚合反应机理进行。聚合反应式如下：

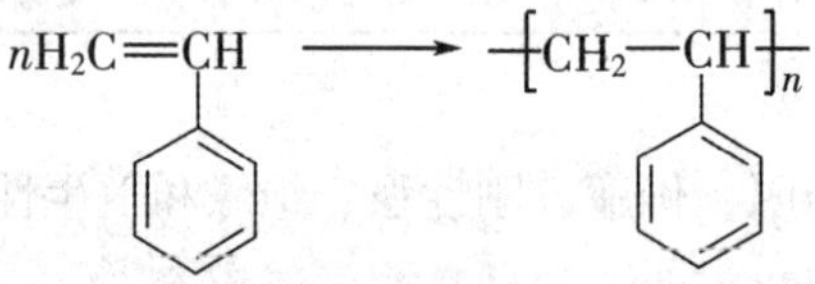

一、单体的性质及来源

苯乙烯是一种无色、透明，具有芳香气味的油状液体，不溶于水，溶于乙醇及乙醚。苯乙烯很容易发生自聚，需要低温保存。为防止自聚现象发生，储存和运输过程中常常加入对苯二酚、叔丁基邻苯二酚阻聚剂，可以通过减压蒸馏的方法除去。苯乙烯化学性质活泼，易发生氧化、加成、聚合等反应，是高分子合成的重要原料，可制成许多品种的合成树脂、离子交换树脂及合成橡胶。

工业上，苯乙烯可由苯与乙烯发生烷基化（烃化）反应生成乙苯，乙苯再在高温下催化脱氢制得高纯度的苯乙烯，也可以通过氧化法制备。

二、苯乙烯自由基型聚合反应机理

单体苯乙烯分子中乙烯基与苯环之间形成共轭体系，电子云在乙烯基上流动性大，使苯乙烯的化学性质非常活泼，可以通过自由基聚合、阴离子聚合、阳离子聚合及配位聚合四种机理合成聚苯乙烯，但自由基型聚合反应是最有工业意义的。阴离子聚合主要用来生产苯乙烯与丁二烯的嵌段共聚物。阳离子聚合可用来生产用于涂料和黏合剂等低相对分子质量的聚苯乙烯。

苯乙烯可以用引发剂或热引发自由基聚合，实践证明，苯乙烯受热温度到 120 ℃以上生成自由基的速度明显增快，可用于引发聚合。因此，生产中可以不加入引发剂，利用控制聚合温度完成聚合反应。

子任务二　聚苯乙烯生产工艺

【任务介绍】

依据聚苯乙烯生产原理特征，分析连续本体聚合生产聚苯乙烯所需的原料及其作用与规格，正确分析聚合用设备特点及影响苯乙烯本体聚合的主要因素。

【相关知识】

一、苯乙烯本体聚合生产工艺

苯乙烯聚合生产一般可以采用本体法、溶液法、悬浮法、乳液法。通用型聚苯乙烯树脂和高抗冲性聚苯乙烯树脂通常采用连续本体聚合法；悬浮聚合法主要用于可发性聚苯乙烯或某些共聚物的生产；乳液聚合法主要用于 ABS 及胶乳树脂的生产；溶液聚合法工业上一直未使用，而是发展成广泛应用的加入少量溶剂（甲苯或乙苯）的本体聚合法，装置一般有一条或几条生产线。这里仅介绍在少量溶剂（乙苯）存在下连续本体聚合法生产聚苯乙烯的工艺。

1. 主要原料

（1）苯乙烯。工业上，苯乙烯所含的杂质主要有乙苯、α-甲基苯乙烯、异丙苯等，聚合前需要将这些杂质除去。此外，聚合级苯乙烯对于醛、过氧化物、硫、阻聚剂、水等的含量也有要求，纯度应高于 99.6%。

此外，微量的铁离子、硫化物、水等也会对苯乙烯聚合产生阻聚作用，使聚合反应速率变慢。

（2）乙苯。生产中，为了能够及时移出自由基型本体聚合产生的热量，控制反应体系的物料黏度，通常在聚合反应器中加入少量乙苯作为溶剂，使其与未反应的单体共同发挥溶剂的作用。用量多数控制在 2%~20%，且不能含有对聚合有影响的硫化物和醛类等杂质。乙苯在后期脱烃阶段将被回收储存，用于再生使用。即使苯乙烯原料存有少量乙苯，但纯度是必要的，以预防聚合过程中用量过多。

（3）润滑剂。苯乙烯聚合反应中常用硬脂酸锌作为内润滑剂，以使聚合物具有较好的成型特性，主要用于改善产品的加工性能。

（4）矿物油。添加矿物油主要用于改善聚合物的流动性能。

此外，也可以根据产品牌号的需要加入其他添加剂和颜料。

2. 苯乙烯本体聚合

充分加热苯乙烯原料就会发生聚合反应，这是典型的热引发自由基聚合反应，也是目前热聚合实现工业化的主要方法。在 80~230 ℃的温度下热引发苯乙烯聚合，低聚物的含量较少，但对产品性能的影响显著，会降低产品的机械强度和热变形温度，长期使用易变色。因此，在加工中要加入适量的抗氧剂、着色剂等添加剂。

苯乙烯热引发连续本体聚合，产物经挤出造粒直接得到，物料在反应器出口应呈层流状态流动，不存在上下混合才能保证熔融物不混有单体苯乙烯，但这样会使反应器传热效率降低。为解决这个问题，常常采用不同结构的反应器实施分段聚合（即预聚合和后聚合）。

二、聚合反应设备

目前，连续本体法生产聚苯乙烯的工艺路线有十几种，但基本步骤相似，仅在反应器数量、构型及工艺参数配方上有所不同。

连续本体法生产聚苯乙烯分为预聚合和后聚合两段进行，采用的反应器主要有釜式、塔式、立式、卧式柱塞流反应器。预聚合通常采用釜式反应器，后聚合采用塔式反应器或釜式反应器（立式、卧式）。其中，塔式反应器比较简单。

1. 预聚合反应器

苯乙烯的预聚合多采用锚式搅拌器，其结构简单，制造方便，传热效果好，可减少挂壁现象，一般用于高黏度体系的搅拌。锚式搅拌器示意图如图 2-42 所示。

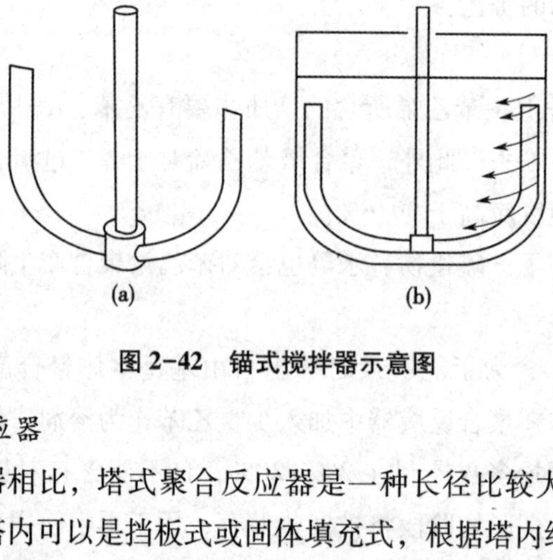

图 2-42　锚式搅拌器示意图

2. 后聚合塔式反应器

与釜式聚合反应器相比，塔式聚合反应器是一种长径比较大的垂直圆形或方形直筒，构造比较简单，塔内可以是挡板式或固体填充式，根据塔内结构的不同而具有不同的特点。在塔式反应器中，物料的流动接近平推流，返混较小。同时，根据加料速度的快慢，物料在塔内的停留时间可有较大变化，塔内物料温度可沿塔高分段控制。聚苯乙烯塔式反应器内有多层搅拌桨及冷却管和加热管，搅拌可使传热效能提高、径向温差减小，在生产中多使用几个塔进行串联操作。塔式聚合反应器结构示意图如图 2-43 所示。

3. 后聚合立式反应器

本体法生产聚苯乙烯的后聚合反应器也可采用几个（通常为 3~4 个）立式反应器串联，反应器内搅拌器的形式随着物料黏度的增加可以采用多层三叶桨式或螺旋式搅拌器，每个反应器内的温度和组成均一，但各釜的反应温度、转化率、黏度不同，并且逐渐提高，通过控制不同反应器的温度，达到分段控制、逐级反应的目的。

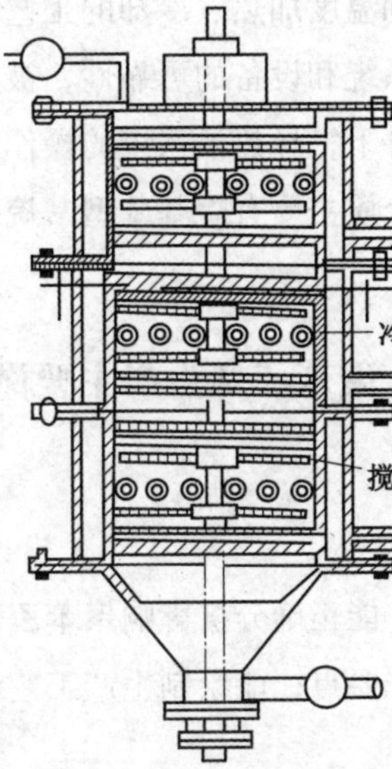

图 2-43　塔式聚合反应器结构示意图

三、聚苯乙烯的生产工艺特点

用热引发的方式使苯乙烯在几个连续聚合反应器中进行聚合反应，分段控制反应温度，逐段升高，达到一定转化率后得到熔融状聚合物，用螺杆挤出机将其挤出成细条状，再经冷却水冷却成固态，经切粒机切成一定大小的颗粒，经计量包装得到产品聚苯乙烯树脂。

工业上，苯乙烯分段聚合比较常见的是二釜、二塔串联工艺和五釜串联工艺。

1. 分段聚合

预聚合反应以热引发苯乙烯进行本体聚合，反应器采用负压操作，利用物料中的苯乙烯和乙苯蒸发后与反应器冷凝器热交换的方式移除反应热；后聚合采用正压操作，利用冷、热导热油的温度调节来控制反应温度，达到一定转化率后，聚合产物在高温和真空条件下进行脱挥。

2. 聚合反应温度控制

预聚合反应器温度由在真空下的沸腾苯乙烯和乙苯来决定，产生的蒸气在反应器上方冷凝器凝结回流至反应器，温度是反应器压力的函数，随着压力的变化而变化。由液环真空泵提供预聚合反应器的真空操作。塔式反应器内包括几个独立的热传导区，用来控制不同的聚合反应温度。反应器内有许多加热蛇管设置，热传导油在蛇管内流动，聚合物在蛇管外流动进行传热。立式反应器采用夹套通入冷、热导热油进行换热。

3. 导热油系统

导热油系统也称传热油，是一种有机热载体，其传热效率好、散热快、热稳定性好，可在较宽温度范围内满足不同温度加热、冷却的工艺需求，也能降低高温加热系统的操作压力和安全要求，提高了系统和设备的可靠性，被广泛用作获得高操作温度的工业传热介质。在无泄漏、低压条件下，导热油系统的操作安全性要高于水和蒸汽系统的操作安全性。用于导热油系统的介质主要有烷基苯型、烷基萘型、烷基联苯型、联苯和联苯醚低熔混合物型。

子任务三　聚苯乙烯生产主要岗位任务

【任务介绍】

依据聚苯乙烯生产工艺过程，能正确分析影响聚苯乙烯聚合的主要因素，进而理解并掌握主要岗位的工作任务及操作要点；能绘制生产工艺流程图。

【相关知识】

采用本体法可生产通用型聚苯乙烯和高抗冲聚苯乙烯。一般是将不饱和橡胶（大多数是顺丁胶和丁苯胶）溶解到苯乙烯溶液中进行聚合来制备高抗冲聚苯乙烯。生产上，通常设置两条生产线，分别完成通用型聚苯乙烯和高抗冲聚苯乙烯的生产，主要岗位有原料精制与配制、聚合反应、脱烃操作、单体回收、后处理过程等。本任务主要介绍二釜（第一预聚釜和第二预聚釜）、二塔（第一反应塔和第二反应塔）串联工艺的主要岗位。

1. 原料精制与配制

① 岗位主要任务。单体苯乙烯及其他原料配制，经计量后加入预聚釜。

② 操作要点。

❖单体苯乙烯。首先应除掉外购苯乙烯中的阻聚剂等对聚合反应速率有影响的杂质，经过滤器除掉机械杂质后送入苯乙烯贮槽。循环苯乙烯经换热器冷却后引入苯乙烯贮槽。为减少苯乙烯挥发、防止空气对苯乙烯质量造成影响及保证苯乙烯贮存安全，应对贮罐进行微正压氮封操作。

❖乙苯。在乙苯贮罐贮存，根据生产装置需要，用输送泵送往预聚釜。

❖硬脂酸锌。根据产品牌号要求用苯乙烯配制，配制罐配有搅拌器，在第二级脱烃后添加。

❖矿物油。在矿物油贮罐贮存，根据产品牌号配制，经计量后送往第二预聚釜。由静态混合器混合至聚合反应器。

2. 聚合反应

（1）预聚合操作。

① 岗位主要任务。各种原料经过滤器除掉机械杂质后，按产品配方分别计量，加

入预聚釜，并将经过预聚合得到的聚合物溶液（固体含量约为 47%），输送至聚合系统。

② 操作要点。采用两个串联的预聚釜。

❖第一预聚釜。苯乙烯、乙苯由流量控制器按比例控制进入反应器，控制反应温度为 130~131 ℃，压力约为 68 kPa，聚合度达 22%~30%，进入第二预聚釜。

❖第二预聚釜。控制反应温度为 132~138 ℃，压力约为 80 kPa，聚合度达 44%~50%（含固量为 46%~48%），进入后聚合操作系统。

通过反应器压力控制、维持预聚合温度。

（2）后聚合操作。

① 岗位主要任务。负责将预聚物经过后聚合得到聚合度为 70%~85%（含固量为 75%~90%）的聚合物溶液。

② 操作要点。两个串联的塔式反应器内均充满液体并具有热传导蛇管，导热油在蛇管内流动而聚合物在蛇管外流动。第一反应塔含有三个独立的热传导区，第二反应塔含有两个独立的热传导区。聚合温度区域可控制，每一温度区由一个热油循环泵及热交换器组成，以移除或提高系统的热量，保证聚合产物的相对分子质量。冷却则由封闭式循环水系统来提供。

3. 脱烃操作

① 岗位主要任务。负责在高温高真空下除去聚合反应中未反应的苯乙烯、乙苯及聚合不纯物。

② 操作要点。脱烃系统由脱烃预热器和一、二级脱烃器（高真空下操作）组成。聚合物溶液先预热至 238 ℃左右，进入一级脱烃器，保温装置由导热油维持，停留时间较短，以防止聚合物分解。未反应的苯乙烯及不纯物自聚合物分离并进入苯乙烯回收槽。聚合物溶液在高温高真空下除去汽化有机物及水。经二级脱烃器进一步脱除可挥发组分后的熔融聚苯乙烯直接进行造粒。

4. 单体回收

① 岗位主要任务。负责回收未反应的单体苯乙烯，供循环使用。

② 操作要点。自脱烃操作中回收苯乙烯，经冷却后送至预聚合段，低聚物及不纯物用来作为导热油加热器的燃料。

5. 后处理过程

（1）挤出造粒。

① 岗位主要任务。负责熔融聚合产物的切粒、粒水分离、干燥及粒料的输送。

② 操作要点。将经脱烃系统脱除乙苯和未反应的苯乙烯单体后的熔融聚合物送入造粒系统，经模头挤出、水冷、造粒机造粒。

（2）产品包装。

① 岗位主要任务。负责将均化后的颗粒产品送至包装仓，经包装机包装后出厂销售。

② 操作要点。粒料经离心机脱水后由送料风机输送至包装料仓，包装成产品。

子任务四　聚苯乙烯装置生产工艺流程

【任务介绍】

依据聚苯乙烯生产岗位的主要工作任务，识读聚苯乙烯装置的生产工艺流程图，能准确描述物料走向。

【相关知识】

一、聚苯乙烯装置生产工艺流程图

聚苯乙烯装置生产工艺流程图如图 2-44 所示。

二、聚苯乙烯装置生产工艺流程说明

精制苯乙烯、循环苯乙烯及乙苯以一定比例经过滤器过滤、混合后进入预热器预热，预热到一定温度后进入第一预聚釜，利用蒸汽冷却和控制反应器压力来维持一定反应温度，反应达到规定的含固量后进入第二预聚釜，用与前述相同的方法维持反应温度，经过一定时间提高含固量至规定值后从塔底进入第一反应塔，得到的聚合物从第一反应塔顶部排出至第二反应塔顶部向下进入，两塔内均充满液体并有热传导蛇管，热传导油在蛇管内流动而聚合物在蛇管外逆向流动。第一反应塔包括 3 个独立的热传导区，第二反应塔包括 2 个独立的热传导区，因此共有 5 个不同的聚合温度区域可控制。正确的温度控制会决定最后产品聚合度及相对分子质量。

聚合反应完成后，聚合物溶液由熔体泵送入脱烃预热器加热后进入真空脱烃系统，脱烃预热器中聚合溶液在管内流动，导热油在管外流动。未反应的苯乙烯及不纯物自聚合物分离并进入苯乙烯回收槽。

脱烃后熔融的聚合物加入润滑剂混合后，进入水中切粒机的模头挤出束条，束条经水中刀床及旋转切刀进行切粒，得到聚苯乙烯颗粒。含水的聚苯乙烯颗粒送至干燥机进行脱水干燥，经振动筛分离出过大或过细的颗粒，最后将合格的聚苯乙烯颗粒送至料仓包装。

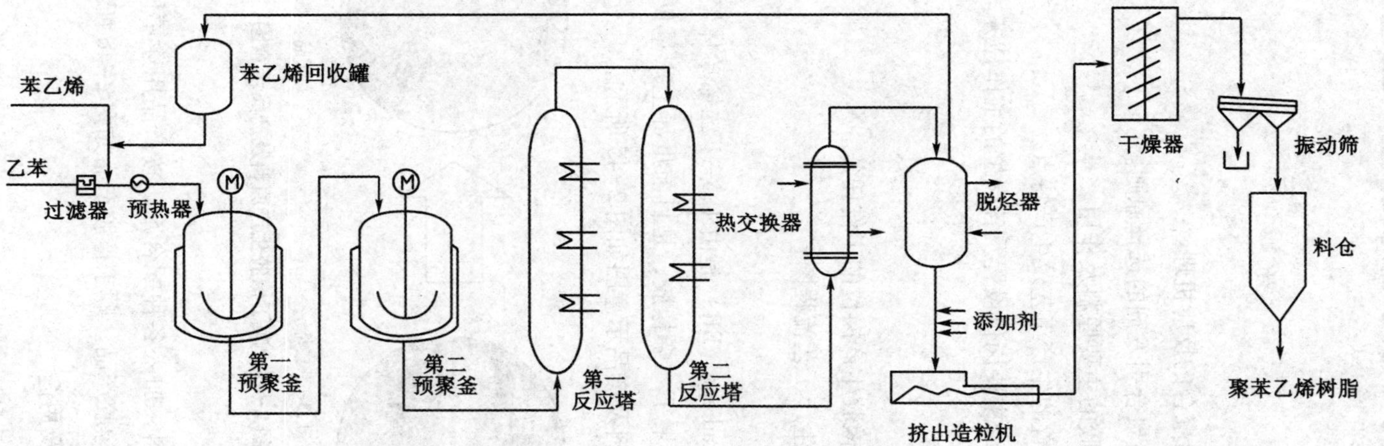

图2-44　聚苯乙烯装置生产工艺流程图

任务九　顺丁橡胶的生产工艺分析

【知识目标】

（1）掌握 1,3-丁二烯聚合的反应机理。
（2）掌握 1,3-丁二烯聚合引发剂的选择原则。
（3）掌握生产顺丁橡胶的主要原料及作用。
（4）掌握顺丁橡胶装置的生产工艺及生产特点。
（5）掌握顺丁橡胶生产主要岗位设置及各岗位的工作任务。

【能力目标】

（1）能正确分析顺丁橡胶生产岗位的工作任务。
（2）能识读顺丁橡胶生产工艺流程图。

顺丁橡胶（cis-polybutadiene，BR）是由 1,3-丁二烯单体经配位聚合获得的高顺式聚合物，全称是顺式 1,4-聚丁二烯橡胶，是目前世界上产量仅次于丁苯橡胶的一种通用橡胶。顺丁橡胶生产原料及产品示意图如图 2-45 所示。

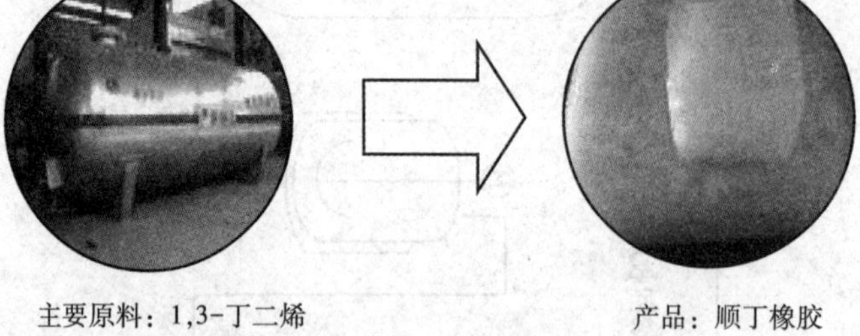

主要原料：1,3-丁二烯　　　　产品：顺丁橡胶

图 2-45　顺丁橡胶生产原料及产品示意图

一、顺丁橡胶制品

以 1，3-丁二烯为原料，加入各种配合剂，按产品用途不同采用相应的加工方法，可以得到各种用途的顺丁橡胶产品。顺丁橡胶产品如图 2-46 所示。

二、顺丁橡胶的性能及用途

1. 聚丁二烯橡胶主要品种

按照聚合方法不同，聚丁二烯橡胶可分为溶液聚丁二烯橡胶、乳液聚丁二烯橡胶和本体聚合丁钠橡胶；按照分子结构不同，聚丁二烯橡胶可分为顺式聚丁二烯橡胶和反式

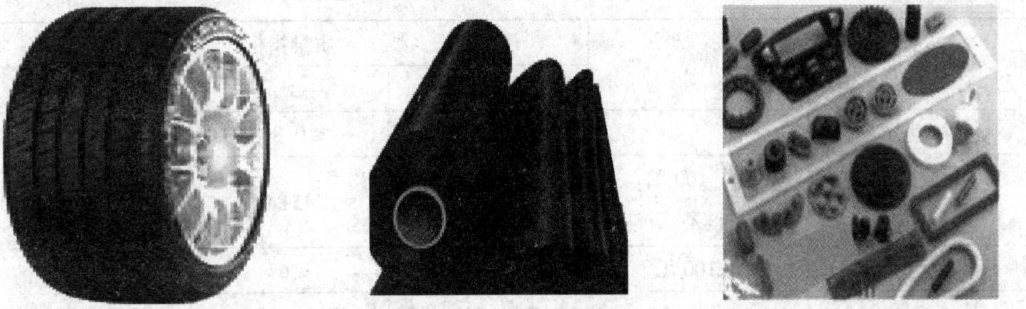

轮胎　　胶带　　各种元件

图 2-46　顺丁橡胶产品

聚丁二烯橡胶。一般将顺式 1,4-丁二烯含量为 96%~98%的聚丁二烯橡胶称为高顺式丁二烯橡胶，顺式 1,4-丁二烯含量较低的聚丁二烯橡胶称为低顺式丁二烯橡胶。顺式含量越高，聚丁二烯橡胶产品柔性越大。工业生产中所说的顺丁橡胶主要是指高顺式 1,4-丁二烯橡胶。

2. 顺丁橡胶产品性能

纯的顺丁橡胶是白色或乳黄色的弹性物。由于其分子结构比较规整，主链上无取代基，分子间作用力小，因此它比较柔软。经加工后的顺丁橡胶制品弹性高，玻璃化温度低（为-105 ℃），是所有通用橡胶中耐低温性能最好的一种。同天然橡胶和丁苯橡胶相比，顺丁橡胶耐磨性能优异；滞后损失和生热少；填充性好，利于降低成本；与其他橡胶的相容性好。其缺点是拉伸强度和抗撕裂强度较低，用于胎面胶时不耐刺、易刮伤；抗湿滑性较差，易打滑；加工性能较差，易冷流。

3. 顺丁橡胶产品主要质量指标

顺丁橡胶产品质量控制指标主要有挥发分、门尼黏度、拉伸强度、断裂伸长率等。本任务主要介绍门尼黏度和拉伸强度。其中，门尼黏度是最关键的。

（1）门尼黏度。是指在一定温度和压力下，胶样对门尼黏度计的转子转动所产生的剪切阻力。它是用来表征橡胶加工性能的好坏和相对分子质量大小及分布宽窄的一个综合质量指标。其大小是由平均相对分子质量、相对分子质量分布和凝胶含量等因素决定的。通常，门尼黏度升高，力学性能变好，加工性能变差，成品顺丁橡胶的门尼黏度值一般控制在 45~55。生产中，可通过调节催化剂的陈化温度、相对分子质量调节剂和催化剂的加入量等方法来控制门尼黏度。

（2）拉伸强度。是指造成一块橡胶材料样品撕裂时每个范围单位上所需的力。

某企业顺丁橡胶产品主要质量指标如表 2-18 所列。

表 2-18 某企业顺丁橡胶产品主要质量指标

项目	单位		质量指标		
			优级品	一级品	合格品
挥发分			≤0.5%	≤0.8%	≤1.1%
生胶门尼黏度	ML[①]100 ℃ 1+4[②]		45±4	45±4	45±7
混炼胶门尼黏度	ML100 ℃		≤65	≤67	≤70
300%定伸应力	MPa	25 分	7.8~11.3	7.5~11.5	7.5~11.5
		35 分	8.5~11.5	8.2~11.7	8.2~11.7
		50 分	8.2~11.2	7.9~11.4	7.9~11.4
拉伸强度	MPa	35 分	≥15.0	≥14.5	≥14.0
伸长率		35 分	≥385%	≥365%	≥365%

注：① M 表示门尼，L 表示用大转子。

② 1 表示预热 1 min，4 表示试验 4 min。

4. 顺丁橡胶的用途

顺丁橡胶具有高弹性，被广泛应用于制造轮胎、胶管、胶鞋、胶带及其他各种耐寒橡胶制品。顺丁橡胶常与丁苯橡胶或天然橡胶合用，以改善其加工性能，可用于制造各种轮胎的胎面胶。我国顺丁橡胶主要用于轮胎、制鞋、ABS、聚苯乙烯改性（高抗冲聚苯乙烯，HIPS）等方面，其用途示意图如图 2-47 所示。

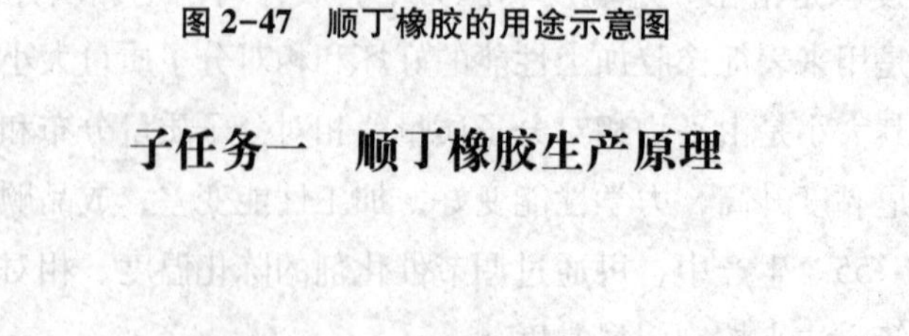

图 2-47 顺丁橡胶的用途示意图

子任务一 顺丁橡胶生产原理

【任务介绍】

依据单体 1,3-丁二烯的结构特征，从理论上分析判断合成顺丁橡胶所遵循的聚合机理，生产上如何选择合适的催化剂，可采用什么方法控制聚合反应速率及产物的相对分子质量。

【相关知识】

1,3-丁二烯的聚合反应按配位聚合反应机理进行。聚合反应式如下：

$$n\mathrm{H_2C{=}CH{-}CH{=}CH_2} \longrightarrow \left[\mathrm{CH_2}\!-\!\underset{\mathrm{H}}{\mathrm{C}}\!=\!\underset{\mathrm{H}}{\mathrm{C}}\!-\!\mathrm{CH_2}\right]_n$$

一、单体的性质及来源

1,3-丁二烯是一种无色、稍带有香味的气体，易液化，有麻醉性，特别刺激黏膜。稍溶于水，溶于乙醇、甲醇，易溶于丙酮、乙醚、氯仿等。其性质活泼，易发生聚合反应，是制造合成橡胶（如丁苯橡胶、顺丁橡胶、丁腈橡胶等）的重要原料，也用于苯乙烯的改性（如 ABS 树脂、SBS 树脂、BS 树脂、MBS 树脂）。

工业上，1,3-丁二烯主要通过丁烯氧化脱氢或轻油裂解制乙烯的副产物碳四馏分中抽提而得。

二、1,3-丁二烯配位聚合反应机理

1,3-丁二烯聚合遵循配位聚合机理，在齐格勒-纳塔催化剂的作用下，可得到高顺式的聚合产物。用于 1,3-丁二烯配位聚合的齐格勒-纳塔催化剂种类很多，依据过渡金属或活性中心金属元素的不同，主要有钛系、钴系、镍系及稀土系等催化剂体系。催化剂的种类、用量及聚合条件不同，所得聚合产物的微观结构与性能也相差较大。催化剂种类与聚合条件对顺丁橡胶微观结构及性能的影响如表 2-19 所列。

表 2-19　典型催化剂所得顺丁橡胶的结构与性能比较

催化剂体系	体系构成	微观结构含量			T_g/℃	凝胶含量	$\overline{M}_w$/($\times 10^4$)	HI	支化	灰分	冷流性	辊筒加工性能		
		顺式1,4-	反式1,4-	1,2-								包辊性	成片性	自黏性
钛系	四氯化钛-三烷基铝-碘	94%	3%	3%	-105	1%~2%	39	窄	少	0.17%~0.2%	中~大	差	可	良
钴系	二氧化钴-一氯二烷基铝	98%	1%	1%	-105	1%	37	较窄	较少	0.15%	很小	可	中	良
镍系	三烷基铝-环烷酸镍-三氟化硼乙醚络合物	97%	1%	2%	-105	1%	38	较窄	较少	0.10%	很小	可	可	良

表2-19(续)

催化剂体系	体系构成	微观结构含量			T_g/℃	凝胶含量	$\overline{M}_w$/($\times10^4$)	HI	支化	灰分	冷流性	辊筒加工性能		
		顺式1,4-	反式1,4-	1,2-								包辊性	成片性	自黏性
稀土系	三价稀土-烷基卤化铝-三烷基铝	97%	57.5%	7.5%	-93	1%	28~35	很窄	很少	<0.1%	中~很大	劣	中	差

1. 钛系催化剂

钛系催化剂是顺丁橡胶工业化生产上使用最早的催化剂，其优点是产品凝胶含量较低，充油和充炭黑量较多，但价格高，产品相对分子质量分布窄，加工性能不好。

2. 钴系催化剂

钴系催化剂是一种多功能催化剂。一般情况下，可合成高顺式1,4-聚丁二烯，如果不用含卤素的AlR_3作为助催化剂，则可制得1,2-聚丁二烯，如果加入给电子试剂，又能合成高反式1,4-聚丁二烯。其优点是产物质量均匀，产品中顺式1,4-聚丁二烯含量可高达96%~98%，且易控制相对分子质量，产品相对分子质量分布比钛系宽，较易加工。

3. 镍系催化剂

镍系催化剂与钴系催化剂相似。特殊的是镍系催化体系活性高，性能稳定，用量少，单程转化率高，聚合速率易于控制。以其为催化剂的反应所生成聚合物凝胶含量少、支链少，相对分子质量分布宽，加工性能较好。典型的镍系催化剂中的主催化剂是环烷酸镍［$Ni(OOCR)_2$］，助催化剂是三异丁基铝［$Al(i\text{-}C_4H_9)_3$］，第三组分是三氟化硼乙醚络合物［$BF_3OC_2H_5$］。

我国在20世纪70年代自主开发镍系催化剂技术，实现了顺丁橡胶工业化生产，生产技术水平一直处于世界先进行列。中国石油锦州石化公司是我国第一块合成顺丁橡胶的生产厂家。

4. 稀土系催化剂

稀土系催化剂是一种新型催化剂，与镍系顺丁橡胶相比，它具有较高的弹性、较高的拉伸性能、较低的生热、优异的耐磨耗及抗疲劳等物理机械性能，被视为镍系顺丁橡胶的升级品种，符合高性能轮胎在高速、节能、安全、环保等方面发展的需要，常用于生产高性能绿色轮胎。1998年，中国石油锦州石化公司在镍系顺丁橡胶生产装置上成功地生产出了稀土顺丁橡胶，之后新增了稀土顺丁橡胶生产装置，扩大了稀土顺丁橡胶的产能。

子任务二　顺丁橡胶生产工艺

【任务介绍】

依据溶液法生产顺丁橡胶（镍系）的生产原理特征，分析生产顺丁橡胶所需的原料及其作用和规格，正确分析生产用设备特点及影响1,3-丁二烯溶液聚合的主要因素。

【相关知识】

一、1,3-丁二烯溶液聚合生产顺丁橡胶工艺

1,3-丁二烯在镍系催化剂的作用下，采用连续式溶液聚合法生产顺丁橡胶，反应产物是高黏度橡胶溶液，脱除单体后的胶液加入防老剂和终止剂，再加入有沸腾水的凝聚釜中，在强力机械搅拌下，蒸出溶剂后得到富有韧性的弹性颗粒，经挤压脱水、干燥后得成品。由于镍系催化剂引发的是配位阴离子聚合，因此生产工艺要求较高。

1. 主要原料

（1）单体。1,3-丁二烯单体中的杂质对催化剂的作用很敏感，会降低催化剂的活性，影响聚合反应速率、产物相对分子质量及分布、微观结构，从而影响产物质量。杂质一般为烃类、苯二烯、醇及含有羧基、胺基等极性基团的化合物，聚合前需除去以达聚合级要求。此外，氧和水能与镍系催化剂中的有机金属化合物发生剧烈反应，降低催化剂活性，因此，聚合前要脱氧、脱水，使它们的含量低于10^{-12}。

（2）催化剂。镍系催化剂的主催化剂环烷酸镍是一种绿色、透明、黏稠的液体或紫色固体，它不溶于水，溶于乙醇、乙醚、苯、甲苯、松节油和松香水等有机溶剂。助催化剂三异丁基铝是无色、澄清的液体，具有强烈的霉烂气味，在空气中能自燃，遇水、醇、酸发生激烈反应甚至爆炸，有强腐蚀性。因此，操作时应穿好防护服，贮存过程要与空气隔绝，使用、输送过程中应全程氮气保护。第三组分三氟化硼乙醚络合物是一种无色、发烟的液体，在空中遇湿气立即水解，生成剧毒的氟化物烟雾。随着镍系催化剂的普遍使用及工艺技术的快速发展，人们发现添加少量水作为催化剂的第四组分可使氟离子游离得更好，可以减少催化剂的用量；同时，适当的水可增强反应，调整胶液门尼黏度，提高产品质量。

在配制镍系催化剂时，需要用溶剂把各个组分稀释到一定的浓度后加入聚合釜，并且催化剂各组分的浓度、配比、混合次序、混合温度等对催化剂的活性均有影响。其中，各组分之间的比例和混合次序对催化剂活性影响最大。工业上常常用“陈化”一词来描述此类情况。

陈化的目的是催化剂在所需控制的条件下有利于生成定向聚合活性中心的反应充分进行，尽量抑制不利于生成活性中心的副反应。在催化剂各组分投入量确定的情况下，

陈化方式对催化剂的活性有很大影响。生产中采用过的陈化方式主要有三元陈化、双二元陈化和稀硼单加等。

① 三元陈化。将 Al，Ni，B 三个组分分别用溶剂在一定温度下配制成溶液，然后按一定次序加入聚合釜。这种方式的聚合诱导期长。

② 双二元陈化。将 Al 组分平均分成两部分，在两个陈化釜中分别与 Ni，B 组分混合陈化，然后按一定次序加入聚合釜。这种方式催化剂活性较差。

③ 稀硼单加。将 Ni，Al 组分先混合陈化加入聚合釜，而 B 组分用溶剂配制成溶液后单独加入聚合釜。这种方式催化体系稳定性好，诱导期短，生产能力大，门尼黏度易调节。

目前生产上多采用稀硼单加方式。

（3）溶剂。溶液聚合法溶剂的选择主要从反应性、溶解性、回收可能性、毒性、来源、经济、环保等多方面考虑，常用苯、甲苯等芳烃或脂肪烃为溶剂。用苯、甲苯作溶剂，溶解性能好，易于回收分离，但胶液黏度大，对传热搅拌不利，毒性大；用芳烃和脂肪烃混合溶剂（如甲苯-庚烷）比使用单纯的芳烃溶剂更能降低聚合体系黏度，还可调节聚合产物相对分子质量的大小。

我国常使用资源比较丰富的抽余油或加氢汽油为溶剂。抽余油（溶剂油）是指在炼厂催化重整工艺中，将芳烃抽取后剩余的汽油馏分（沸程为 60~140 ℃）再切割，得到 60~90 ℃的馏分。这种馏分是无色、透明的液体，主要成分是饱和烷烃。抽余油为溶剂的优点是成本低、来源丰富、毒性小、易分离回收、馏程宽、物系黏度低、易于输送。但其缺点是溶解性能一般，容易产生挂胶。

（4）防老剂。二烯烃类合成橡胶的分子中含有许多双键，长期与空气接触较易老化。橡胶用防老剂是指在橡胶及其制品中加入某些化学物质来延缓或抑制老化过程，从而延长橡胶及其制品的贮存期和使用寿命。防老剂的种类有很多，顺丁橡胶合成中常用的是 2,6-二叔丁基-4-甲基苯酚（俗称 264），纯品为白色结晶、无毒，遇光颜色变黄，溶于苯、甲苯、甲醇、乙醇等，不溶于水及稀碱溶液，对热、氧老化有防护作用，可燃。还可作为合成橡胶后处理和贮存的稳定剂。

（5）终止剂。当聚合反应达到终点时，常加入醇、胺等物质以破坏催化剂的一类助剂称终止剂。顺丁橡胶合成中常用的终止剂有甲醇、乙醇、异丙醇等。以前，我国镍系顺丁橡胶生产装置均采用乙醇作为终止剂。但由于乙醇的沸点与溶剂的沸点接近，与回收溶剂及单体丁二烯较难分离，因此，会影响聚合反应。目前，我国顺丁橡胶生产聚合系统普遍采用丁二烯加入微量水的技术，不加终止剂。事实上，在丁二烯聚合过程中，水具有两重性，一方面可作为助催化剂提高催化剂活性，另一方面，水能破坏催化剂，成为有害杂质。因此，聚合体系的水含量应有一个最佳的控制范围。

2. 1,3-丁二烯溶液聚合

采用镍系催化体系，丁二烯配位阴离子溶液聚合技术。以1,3-丁二烯为原料，采用环烷酸镍-三异丁基铝-三氟化硼乙醚络合物-少量水为催化体系，采用稀硼单加陈化方式，以抽余油为聚合溶剂，不加终止剂，得到高相对分子质量、高顺式的顺丁橡胶。

二、聚合反应设备

1,3-丁二烯溶液聚合一般采用带有夹套和搅拌器的釜式反应釜，通常用2~5釜串联的方式连续操作。

1. 釜体

顺丁橡胶合成中，聚合物在反应釜壁上很容易产生黏釜物，造成传热效果下降，因此，应尽可能提高釜体不锈钢材质的光洁度，并且使用过程中要防止在内壁表面造成伤痕。

2. 换热装置

1,3-丁二烯配位聚合的反应热较大，在反应过程中必须及时排出热量，以控制聚合反应在规定的温度下进行。随着反应的进行，单体转化率提高，溶液黏度增大及黏釜物的存在均会导致传热效果下降。工业生产中，聚合热主要靠夹套冷却。为提高冷却效果，夹套内应通冷冻盐水进行冷却。常采用氨作制冷剂对氯化钙水溶液制冷，以生产低温盐水。

3. 搅拌装置

由于1,3-丁二烯配位聚合反应物为黏稠液体，因此，为了提高传热效果，常采用双螺带式搅拌器，其结构示意图如图2-48所示。

三、顺丁橡胶生产工艺特点

1. 丁油浓度

丁油浓度是指丁二烯在溶剂油溶液中的浓度，是每100 mL溶液中溶解的丁二烯的质量，单位为g/100 mL。丁油浓度是丁二烯聚合反应中的关键参数。丁油浓度过低，聚合反应弱；丁油浓度过高，会造成挂胶加快、单程转化率下降、成品胶液罐压力高，还可能发生爆聚。此外，随着聚合反应的进行，聚合物浓度的不断提高，顺丁橡胶溶液的黏度也会不断提升。每一台聚合设备都有一个允许的溶液黏度，如果黏度过高，会给聚合釜的传热和搅拌带来困难。生产上，在丁二烯进料固定的情况下，可以通过调节溶剂油进料量来调节溶液黏度。一般情况下，依据门尼黏度控制单体丁二烯浓度在10%~15%。

2. 聚合反应温度

催化剂的用量和聚合反应温度是影响聚合反应速率的主要因素。通常，催化剂为最佳配比时，增加其用量，聚合反应速率加快。聚合反应温度升高，反应速率加快，所得聚合物的相对分子质量降低（门尼黏度低），因此常采用这一手段来调节转化率和相对

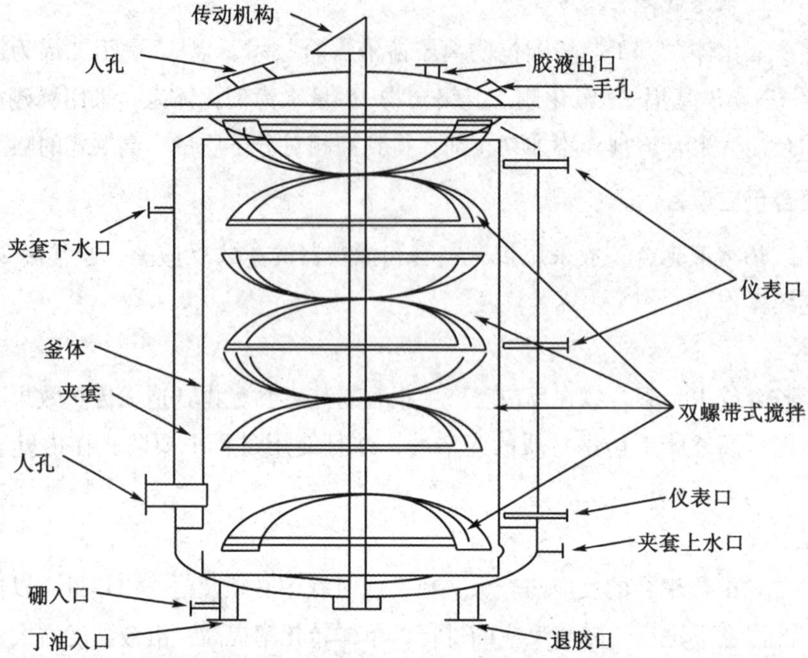

图 2-48 顺丁橡胶聚合釜

分子质量。顺丁橡胶生产中，聚合反应温度主要通过调节预热器温度、增减丁油进料量及聚合釜夹套加热（或冷却）釜顶充油量等方法来控制。

3. 单程转化率

单程转化率是指聚合反应中转化成聚丁二烯橡胶的丁二烯与进料丁二烯的百分比。在丁二烯聚合反应中，需控制的主要有单程转化率和门尼黏度两个指标，单程转化率的高低直接关系到橡胶生产的产量和经济效益。生产上，在配方固定的情况下，主要通过丁二烯进料温度、浓度及聚合温度来控制单程转化率不小于85%。

4. 相对分子质量及分布

相对分子质量及分布对顺丁橡胶的物理机械性能和加工性能都有显著的影响。相对分子质量大小与催化剂的种类、用量及各组分配比有关，同时也会影响聚合速率、聚合物微观结构及凝胶含量等。生产中，根据具体用途来调节产品的相对分子质量，也就是调节门尼黏度值。对于镍系催化体系，常采用加入第四组分（少量水）的方法。这种方法可以调节胶液门尼黏度而不改变聚合物微观结构，效果较好。

5. 凝胶

凝胶是指单体丁二烯在聚合过程中由于催化剂浓度、聚合温度等条件的改变而发生支化反应，形成交联的网状结构的产物。它是产生挂胶现象的主要原因，并且严重影响生胶的质量。生产中，产生凝胶的原因有催化剂用量过大或浓度过高、聚合反应温度过高、原料中有害杂质超标等。因此，在转化率满足要求的前提下，应尽量降低聚合反应温度、减少催化剂用量。

6. 挂胶

挂胶是指聚合反应进行一段时间后，在釜内壁、底部、搅拌轴及叶片、管道等局部位置沉积凝胶（交联度不深的三维网状聚合物）的现象。挂胶现象是溶液聚合法生产合成橡胶时普遍存在的问题。它不仅影响聚合反应热移出及产品质量，而且影响生产的正常进行。产生挂胶的原因很多，如溶剂性质、催化剂种类与浓度、聚合温度、单体和溶剂纯度、聚合釜结构与光洁度及搅拌器形式等。工业生产中，为减少挂胶现象的发生，可采取以下措施：

① 以苯、甲苯和庚烷混合液代替溶解能力较差的抽余油；

② 提高催化剂活性，减少其用量；

③ 稳定操作，防止温度起伏过大；

④ 提高催化剂纯度，脱除三氟化硼乙醚络合物中的水分；

⑤ 在进入聚合釜前，将单体、溶剂和催化剂预混合，使催化剂分散均匀；

⑥ 采用不锈钢或搪玻璃反应器，增加聚合釜内壁的光滑度。

四、合成橡胶的后处理过程

聚合反应终止后所得的胶液，除了产品橡胶外，还含有大量溶剂和未反应的单体及少量催化剂、防老剂等，必须经过后处理，才能得到成品顺丁橡胶。其后处理主要过程示意图如图 2-49 所示。

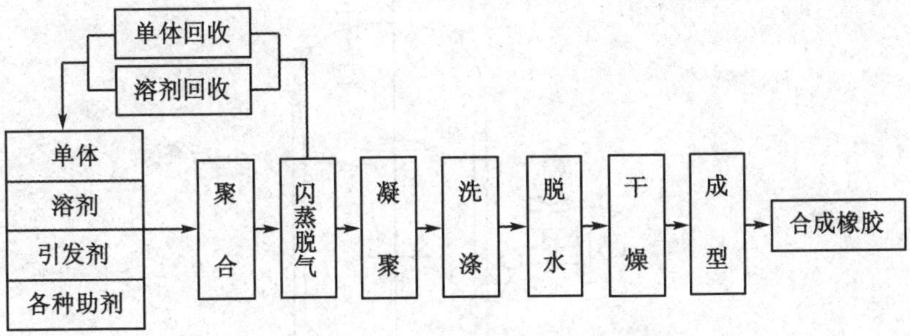

图 2-49　合成橡胶后处理主要过程示意图

1. 闪蒸脱气

聚合末釜（终止釜）的胶液在胶液罐内经降压闪蒸成为气相和液相（胶液）。气相主要是未反应的丁二烯和溶剂油等，从胶液罐顶部排出未反应单体和溶剂。根据生产要求，门尼黏度值合格后的胶液才能进入凝聚过程。

2. 凝聚

合成橡胶生产中，由于聚合工艺和产品的种类不同，所采用的凝聚方法也不同。常用的方法有水析法、盐析法、蒸发法、冷冻法。生产中，采用溶液聚合法合成的橡胶品种（如顺丁橡胶、异戊橡胶、乙丙橡胶等）多采用水析凝聚法。

（1）水析凝聚法。在装有搅拌装置的凝聚釜中注入热水，釜底通入蒸汽，当胶液被注入既作为传热介质又作为输送介质的热水后，胶液中的溶剂和未反应的单体（沸点均低于 100 ℃）受热迅速汽化，并与水汽一起被蒸出，橡胶则会呈固体状态在水中悬浮析出。由于胶液颗粒表面结成一层有孔的胶膜，随悬浮胶液颗粒与沸水继续接触，颗粒内部的溶剂和单体逐渐被蒸发出来，最后成为橡胶颗粒，分散在水中。水既能防止橡胶结块，也能把橡胶溶液中所含的催化剂、防老剂等杂质带到水中，保证了产品质量。

凝聚时，须考虑喷胶时颗粒的大小、胶液中橡胶的含量、相对分子质量的大小、胶液在釜中停留时间、凝聚温度、水胶比、搅拌、分散剂等因素，确定其工艺条件，以便达到凝聚的要求。

（2）凝聚设备。聚合胶液的凝聚在凝聚釜中进行，工业上所使用的凝聚釜基本结构示意图如图 2-50 所示。凝聚釜内必须设置搅拌装置，搅拌的主要作用是使胶粒在热水中不断运动，以迅速蒸去溶剂、未反应单体，并且保证胶粒不结块。搅拌轴上装有三层涡轮。除机械搅拌外，还有蒸汽搅拌（在釜底有两个带缩口的管子，通入一定压力蒸汽鼓泡，鼓击胶粒在釜内翻滚）。在釜壁上焊有四块折流板，使按一个方向运动的液体受到阻力并形成旋涡，可以增强搅拌效果。此外，在蒸汽和溶剂出口处焊有一块筛板防止胶粒被带出。

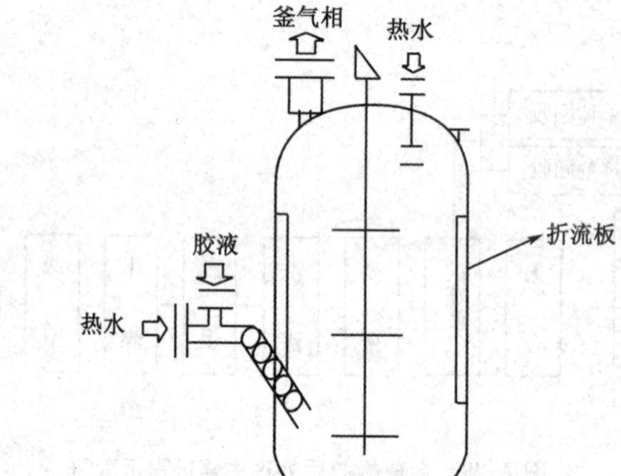

图 2-50　凝聚釜基本结构示意图

3. 回收

聚合过程中未反应的单体丁二烯和溶剂油需进行回收循环使用。在一定的温度压力下，采用普通精馏方法就可以进行分离，一般在精馏塔内进行。由凝聚釜蒸出的溶剂和未反应的单体经冷凝、油水分离器分离出水后分别进入溶剂干燥塔、溶剂脱重组分塔及丁二烯蒸出塔，回收的丁二烯、溶剂经精制返回原料系统。

4. 洗涤脱水

凝聚釜底的胶粒随同大量水被输送至振动脱水筛，分离出来的热水流入热水罐循环使用，生胶粒被送至洗胶釜内进行搅拌洗涤。在洗胶釜内用水继续洗掉胶粒表面残留的催化剂及其他杂质，并降低胶粒温度，将洗涤水和颗粒胶从洗胶釜送入另一台振动筛进行水和胶粒的分离，分离出来的水送入洗涤水罐循环使用。

5. 脱水干燥

经洗涤脱水后含水量为40%~60%的胶粒送入挤压脱水机，依靠机械力的作用，胶粒由机头被挤出，含水量降至8%~12%，再送入膨胀干燥机。胶料由膨胀干燥机机头喷出，闪蒸成直径为20 mm的颗粒后进入干燥箱，经热风干燥后，胶料含水量降至1.1%以下。胶粒再经旋转式垂直提升机冷却降温后送去称重。

挤压脱水机的螺杆由若干节断开式螺旋叶构成，各节螺旋叶等深不等距，螺距逐渐减少。工作时，电机带动螺杆旋转。在螺杆旋转挤压下，胶粒所含的水分从笼条的缝隙流出，胶粒被挤向出料口。挤压脱水机结构示意图如图2-51所示。

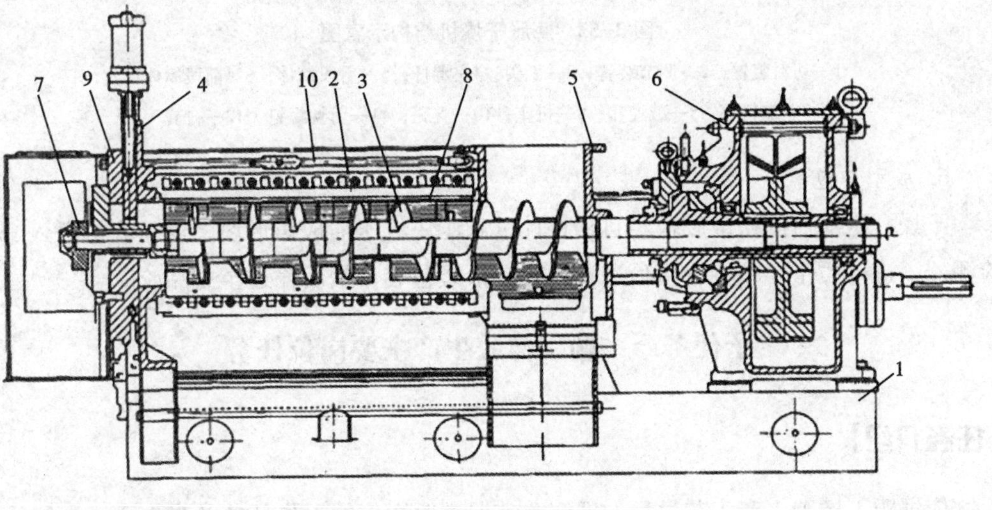

图2-51　挤压脱水机结构示意图

1—机座；2—机体；3—螺杆；4—调压装置；5—加料斗；6—减速箱；7—切刀；8—笼条；9—机头；10—拉杆

橡胶颗粒在膨胀干燥机内受螺杆和剪切螺钉的挤压、摩擦生热，再加上夹套低压蒸汽加热，使机头压力、温度逐渐升高，当胶粒从机头喷出而降为常压时产生闪蒸现象，胶料中的水分突然减压汽化，使胶料中的水分脱除，从而达到干燥的目的。膨胀干燥机结构示意图如图 2-52 所示。

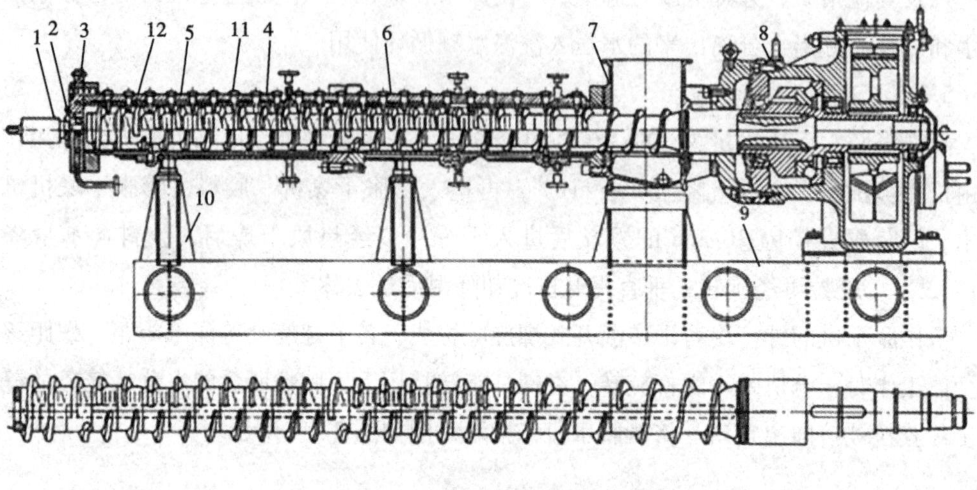

图 2-52　膨胀干燥机结构示意图

1—切料装置；2—调节装置；3—机头；4—螺杆；5—后段筒体；6—前段筒体；7—加料斗；8—减速箱；9—机座；10—支腿；11—剪切螺钉；12—衬套

6. 成型与包装

干燥、冷却后的松散胶粒经自动秤计量和压块机压缩成矩形块，经运输机送入金属检测器，进行质量复核，合格后进入薄膜和纸袋包装，最后输送至成品胶库。

子任务三　顺丁橡胶生产主要岗位任务

【任务介绍】

依据顺丁橡胶生产工艺过程，理解并掌握主要岗位的工作任务及操作要点，能绘制生产工艺流程框图。

【相关知识】

生产上，1,3-丁二烯溶液聚合生产顺丁橡胶一般采用连续法，主要岗位有原料精制、催化剂配制、聚合反应、溶剂回收、后处理过程等。

1. 原料精制

① 岗位主要任务。负责原料丁二烯的精制，达聚合级（纯度不小于 98%）质量要求。

② 操作要点。生产中，将装置来的丁二烯（含少量乙腈）及回收丁二烯一起进行

水洗、脱水、精馏，得到纯度不小于98%的聚合级丁二烯，送往聚合装置。软化水进入丁二烯水洗塔顶部与丁二烯逆向接触，进行液-液萃取，丁二烯由塔顶产出，含有乙腈及杂质的洗涤水从塔底排出。水洗后的丁二烯进入脱水塔顶部，从塔底产出进入再精馏塔（脱重塔）进行常压精馏以脱去碳四中的碳五组分，合格的丁二烯从塔顶产出去聚合装置。

2. 催化剂配制

① 岗位主要任务。负责聚合反应所用的镍、铝、硼及防老剂的计量与配制，按生产配比要求为聚合生产输送催化剂和防老剂。

② 操作要点。

催化剂的计量准确与否将直接影响聚合反应的进行及生胶质量的好坏。催化剂各组分要在配制罐中稀释至达到要求的浓度。

❖环烷酸镍的配制。先用溶剂油配制成浓镍溶液，静置一定时间后取样分析浓度，再用溶剂油配制成稀镍溶液，分析结果至合格。

❖三异丁基铝的配制。用溶剂油配制三异丁基铝至浓度合格。

❖三氟化硼乙醚络合物的配制。用溶剂油配制至浓度合格。

❖防老剂的配制。用溶剂油配制防老剂至浓度合格，聚合结束后，注入出口管线。

配制好的环烷酸镍、三异丁基铝、三氟化硼乙醚催化剂分别由高位罐送入各计量罐，由计量泵采用稀硼单加方式加入聚合首釜。

3. 聚合反应

（1）聚合釜进料。

① 岗位主要任务。负责将各种原料按产品配方加入聚合釜。

② 操作要点。溶剂油先经三通温控阀去丁油预热器或丁油预冷器，由预热器或预冷器的流量来控制丁油预热温度，在静态混合器中与精制丁二烯混合配成丁油溶液。镍、铝催化剂先混合，然后经混合器与丁油混合，从聚合首釜底部进入。硼催化剂与少量溶剂油在静态混合器混合后由聚合首釜底与丁油混合进入。一部分溶剂去聚合釜作釜顶充油用。

（2）反应条件控制。

① 岗位主要任务。负责控制丁二烯浓度、反应釜温度、反应釜压力、催化剂加入量、单程转化率、丁二烯加水量，确保不发生爆聚、坨釜等现象。

② 操作要点。

❖丁二烯浓度。通过提高或降低溶剂油进料量来调节，一般为10%~15%。

❖聚合温度。首釜温度用丁油进料温度控制在75~80 ℃，其他反应釜及终止釜用塔顶充油量控制。

❖聚合压力。用进料量和反应温度控制在0.3~0.6 MPa。

❖含饱和水的丁二烯流量。少量精制丁二烯进入加水罐，在一定温度和压力下，成为含有饱和水的丁二烯，通过流量控制门尼黏度和调整反应。

❖单程转化率。通过调节催化剂总量及配比（Al/Ni、Al/丁二烯、B/丁二烯）、反应温度、反应时间来控制单程转化率不小于85%。

❖凝胶含量。在单程转化率满足要求的前提下，降低反应温度和催化剂用量，控制凝胶含量小于1%。

（3）聚合釜出料。

① 岗位主要任务。负责将聚合反应生成的聚丁二烯胶液输送至凝聚釜。

② 操作要点。丁二烯在多个串联聚合釜中生成高顺式丁二烯胶液（顺丁橡胶）。加入防老剂，经静态混合器和胶液过滤器进入胶液罐，供混胶和凝聚用。

（4）产品质量控制。

① 岗位主要任务。负责在优化的条件下生产稳定的高质量产品。

② 操作要点。

❖控制终止釜生胶的门尼黏度值为30~55。

❖调整丁二烯加水量、催化剂用量及配比、聚合反应温度等是调节生产的重要手段。

4. 溶剂回收

① 岗位主要任务。负责将新鲜溶剂油和凝聚工序分离出的循环溶剂油，按其组分相对挥发度的不同，精制成不含杂质的溶剂油，供聚合使用；分离出的碳四送往原料精制装置。

② 操作要点。平稳控制各塔的操作参数、物料平衡，实现最佳操作。

❖脱水塔。水在丁二烯与溶剂油混合液中的饱和溶解度不同。水在溶剂油中的饱和溶解度很小，在氢键作用下的缔合状态被打破，会以单独分子状态存在，将从塔顶被蒸出冷凝后分层，再经连续蒸馏后，水便被带出。主要控制塔顶压力、塔底温度、塔底液位、进料量、回流量及采出量。

❖回收塔。可以把溶剂中的重组分杂质脱除，主要控制塔釜液面、物料平衡及回流量。

❖提浓塔。是分离碳六、碳四两组分的普通精馏塔，主要控制塔压、塔底温度和回流量。

❖碱洗、水洗塔。其作用是除去溶剂油含有的微量氧化物和过氧化物等杂质，主要控制碱洗、水洗系统压力及水流量。

5. 后处理过程

① 岗位主要任务。负责将聚合得到的胶液经过凝聚、脱水、干燥、包装等处理过

程，得到成品——顺丁橡胶胶块。

② 操作要点。后处理过程工艺流程为：胶液→混胶罐→凝聚釜→振动筛→挤压脱水机→膨化干燥机→提升机→压块机 →自动秤→包装机→入库。

❖混胶。是指在胶液罐内将经聚合工序得到的不同门尼黏度的胶液进行混配，使之质量合格。

❖凝聚。凝聚温度直接影响橡胶颗粒度及胶粒中的含油量。生产上，用蒸汽控制凝聚釜温度为 95 ℃左右。

❖洗胶。用水洗的方法除去胶粒表面的杂质，调节胶粒的温度，控制胶粒的密度和流量，将胶粒送往干燥岗。

❖干燥。含水量为 40%~60%的胶粒经脱水挤压机后形成胶片，其含水量为 8%~12%，再经高温高压膨胀干燥机闪蒸后形成胶粒，使其含水量降到 1.1%以下。

❖压块与包装。干燥后胶粒经提升机冷却后送至自动秤称量，进入压块机成型为矩形块，经包装后入库。

子任务四　顺丁橡胶装置生产工艺流程

【任务介绍】

依据顺丁橡胶生产岗位的主要工作任务，识读顺丁橡胶装置生产工艺流程图，准确描述物料走向。

【相关知识】

一、顺丁橡胶装置生产工艺流程图

顺丁橡胶装置生产工艺流程图如图 2-53 所示。

二、顺丁橡胶生产工艺流程说明

精制后的溶剂油经流控阀、三通温控阀进入丁油预冷器或丁油预热器，在静态混合器中与精制后的丁二烯混合配成丁油溶液。部分溶剂油经稀释油流控阀在静态混合器与硼剂混合后，在首釜底与丁油混合。镍、铝催化剂混合后，在丁油-铝镍混合器处与丁油混合，一起进入聚合首釜底部。生产中通过充油流控阀利用充油量调节各釜温度。

首釜进料温度主要通过丁油进料温度自动调节。开车初期，由于进料油温度低，聚合反应不易被引发，主要是通过提高溶剂油温度来提高丁油温度，此时溶剂油应该以通过预热器为主，当温度达到可以使催化剂具备活性后，反应立即开始，可以采用预冷和预热同时进行的方式控制进料温度。

聚合首釜达到一定的温度、压力后，1，3-丁二烯在催化剂作用下发生聚合反应，

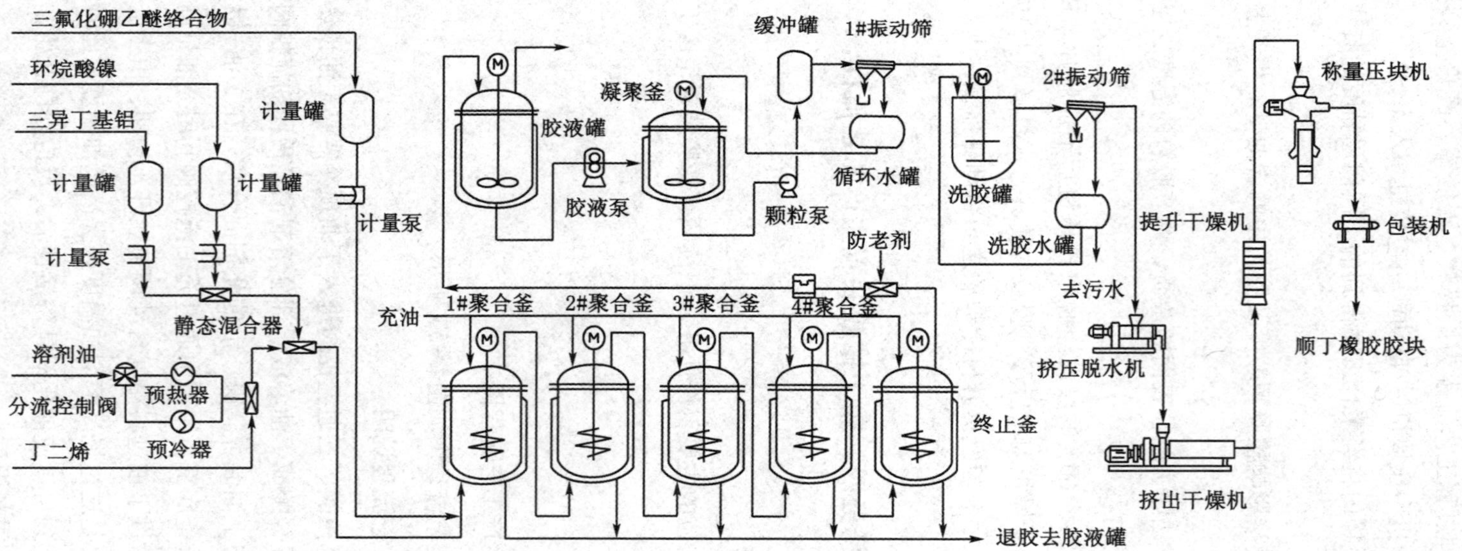

图2-53　顺丁橡胶装置生产工艺流程图

生成的胶液自首釜顶出来后再由第二釜底进入，经过串联的3~5个釜进行反应，最终生成聚丁二烯胶液。在末釜出口处加入防老剂，经静态混合器混合及胶液过滤器除去杂质，进入胶液罐后降压闪蒸为气相和胶液。气相含未反应的单体1，3-丁二烯和溶剂油等，由胶液罐顶部排出经吸收器送往溶剂回收罐区。合格的胶液经喷胶泵喷入凝聚釜，在凝聚釜中借助循环热水、蒸汽和搅拌的作用将顺丁橡胶、溶剂及1，3-丁二烯分离，成为悬浮胶粒分散于釜内热水中。凝聚后脱除的溶剂和大量水蒸气经釜顶过滤器、冷却器等冷却分层后，送往溶剂回收。

凝聚釜底析出的胶粒及大量浮水一起由颗粒泵输送到1#振动脱水筛，分离出来的热水经筛孔依靠位能流入热水罐循环使用，生胶粒被送到洗胶釜，在洗胶釜中洗掉残留催化剂及其他杂质，洗涤水和颗粒胶从洗胶釜出料口流到2#振动脱水筛，分离出来的洗涤水经筛孔依靠位能流入洗涤水罐循环使用。

洗过的颗粒胶进入脱水挤压机脱水后由机头挤出，进入膨胀干燥机，在机头喷出闪蒸成直径为20 mm的颗粒，进入干燥箱热风干燥，再输送至垂直振动提升机冷却后，送至给料筛进入自动秤计量，达到25 kg后投入压块机压块成型，经交替运输机进入金属检测器称重后进行薄膜和纸袋包装，最后由皮带机输送至成品胶库。

学习情境三　杂链高聚物的合成技术

任务一　酚醛树脂的生产

酚醛树脂也称电木，又称电木粉，是通过苯酚和甲醛缩聚反应得到的一种高聚物，能满足一般要求的应用领域，常用来生产绝缘板和黏结剂。酚醛树脂的生产原料及产品示意图如图 3-1 所示。

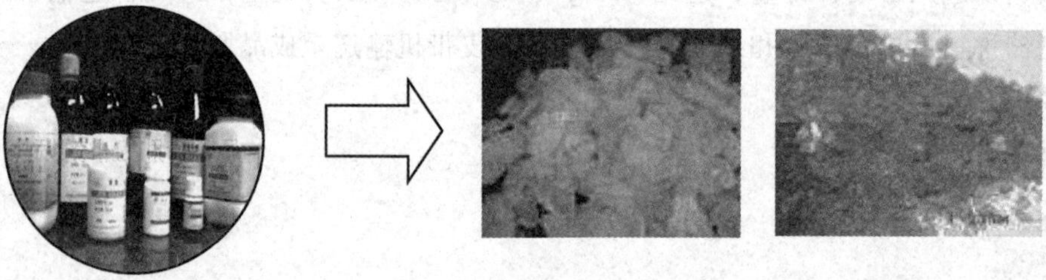

生产原料　　　　酚醛树脂

图 3-1　酚醛树脂的生产原料及产品示意图

【任务介绍】

以苯酚、甲醛为原料，选择合适的催化剂、其他试剂及生产设备，确定配料比。在给定的时间内，生产出酚醛树脂。

产品质量要求：无色或浅红棕色固体。

【任务分析】

酚醛树脂的聚合遵循缩聚反应机理，一般选择溶液缩聚这种工业实施方法来实现产品的生产。本任务是生产酚醛树脂，应根据催化剂和单体配比的不同选择生产线型或体型缩聚产物。在生产中要充分考虑缩聚反应的特点及影响因素，确保产品质量。

【相关知识】

一、酚醛树脂的来历及产品

1. 酚醛树脂的来历

1872 年，德国化学家拜耳首先发现酚和醛在酸的作用下可以缩合得到无定形、棕红色的不可处理的树枝状产物，但他未开展研究。1907 年，酚醛树脂创始人——比利时裔美国科学家贝克兰对酚醛树脂进行了系统而广泛的研究，并于 1909 年提出了关于酚醛树脂“加压、加热”固化的专利，实现了酚醛树脂的实用化。1910 年，他在德国的柏林建成世界第一家合成酚醛树脂的工厂，开创了人类合成高分子化合物的纪元。

2. 酚醛树脂产品

常见酚醛树脂产品如图 3-2 所示。

酚醛树脂

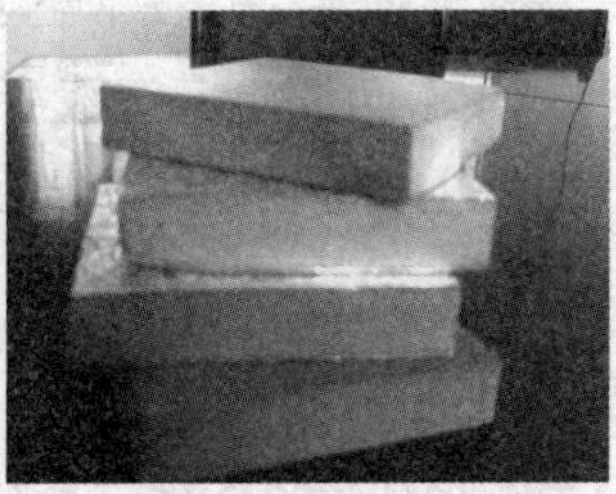

酚醛树脂层压板

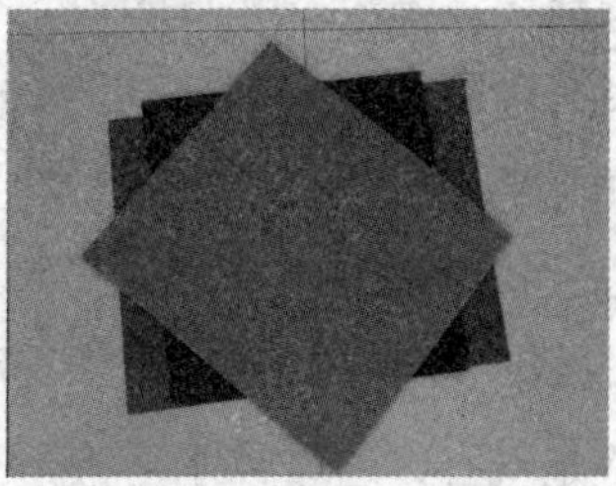

酚醛树脂耐火砖

图 3-2　酚醛树脂产品

二、酚醛树脂的性能及应用

1. 酚醛树脂的性能

酚醛树脂是第一个人工合成的塑料产品，它是无色或黄褐色透明物，有颗粒、粉末状。酚醛树脂最主要的特性就是耐高温，即使在非常高的温度下，它也能保持结构的整体性和尺寸的稳定性。在温度大约为 1000 ℃的惰性气体条件下，酚醛树脂会产生很高的残碳，这有利于维持结构稳定性。酚醛树脂一个重要的应用就是可以作为黏结剂，它是一种多功能、与各种各样的有机和无机填料都能相容的物质；耐弱酸和弱碱，遇强酸发生分解，遇强碱发生腐蚀；不溶于水，溶于丙酮、乙醇等有机溶剂中；交联后的酚醛树脂可以抵制任何化学物质的分解。

2. 酚醛树脂的应用

酚醛树脂可应用于多种领域中，其具体应用如表 3-1 所列。

表 3–1　酚醛树脂的应用

应用领域	应用实例	应用领域	应用实例
电器	电器开关、灯头、电话机外壳、绝缘结构零件等	工业	仪器零件、垫圈、轴瓦、轴承、皮带及无声齿轮等机械零件
汽车	刹车片及离合器等	印刷	印刷电路板等
航空	耐烧蚀导弹外壳、宇宙飞船的耐热面层等	日用品	瓶盖、纽扣、黏合剂等

三、酚醛树脂的生产工艺

1. 酚醛树脂的生产原理

（1）单体的性质及来源。

① 苯酚（C_6H_6O，PhoH）。又名石炭酸、羟基苯，是最简单的酚类有机物，是一种弱酸，常温下为无色晶体，有毒、有腐蚀性。它在常温下微溶于水，易溶于有机溶液；当温度高于 65 ℃时，能与水以任意比例互溶，其溶液沾到皮肤上需用酒精洗涤，暴露在空气中呈粉红色。苯酚的生产方法主要有磺化法、异丙苯法、氯苯水解法、粗酚精制法、拉西法等。

② 甲醛（CH_2O）。一种无色、有强烈刺激气味的气体，有毒、易燃。甲醛在常温下是气态，通常以水溶液形式出现，液体在较冷时久贮易浑浊，在低温时则形成三聚甲醛沉淀。易溶于水和乙醇。浓度为 35%~40%的甲醛水溶液称为福尔马林。甲醛在工业上一般是由甲醇的催化氧化制备的。

（2）生产原理。酚醛树脂是由苯酚和甲醛在一定的条件下通过缩聚反应得到的。线型酚醛树脂的聚合反应式如下：

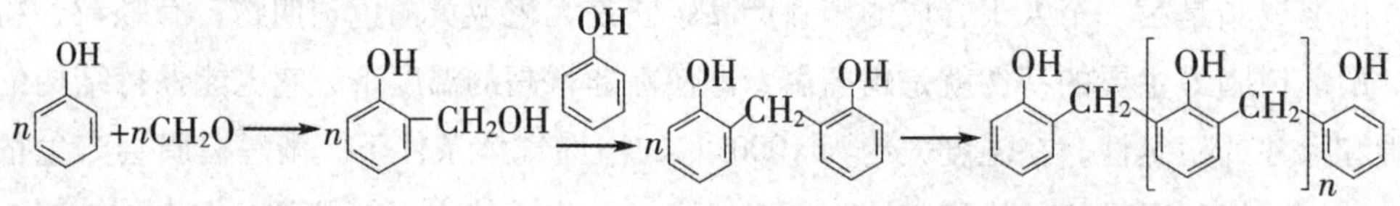

2. 酚醛树脂的生产特点

酚醛树脂的生产是由苯酚和甲醛在催化剂作用下缩聚，经中和、水洗而制成的树脂。因为酚与醛的摩尔比、选用的催化剂不同，可分为热固性树脂和热塑性树脂两类：醛与酚的摩尔比大于 1，即甲醛过量，用碱类物质作催化剂，生成热固性酚醛树脂；醛与酚的摩尔比小于 1，即苯酚过量，用酸类物质作催化剂，生成热塑性酚醛树脂。

3. 酚醛树脂的生产工序

生产酚醛树脂的主要工艺是间歇釜式常压合成法。反应开始时是溶液均相体系，当缩聚树脂分子量达到一定程度后，反应体系转为非均相，这时分子量的增长反应主要在树脂相中进行。

酸法酚醛树脂是用酸类物质作为催化剂制得的高聚物，其生产流程示意图如图 3-3 所示。

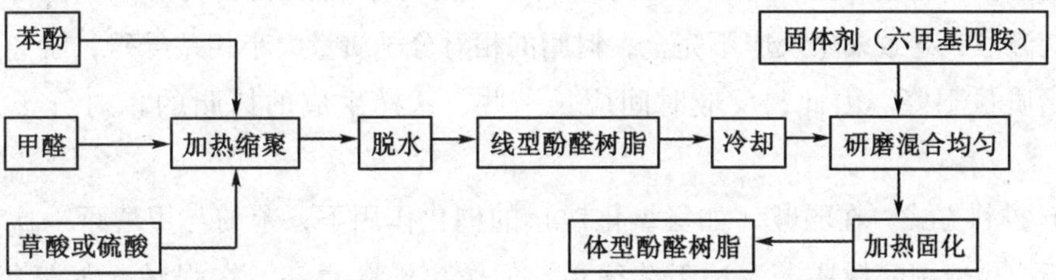

图 3-3　酸法酚醛树脂的生产流程示意图

碱法酚醛树脂是用碱类物质作为催化剂制得的高聚物，其生产流程示意图如图 3-4 所示。

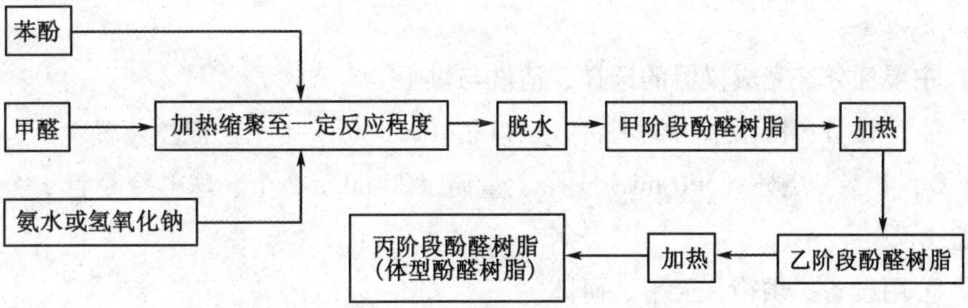

图 3-4　碱法酚醛树脂的生产流程示意图

4. 酚醛树脂的生产控制因素

酚醛树脂的生产受很多因素影响，其中，原料摩尔比、催化剂种类和用量等、反应温度和投料方式等对酚醛树脂的反应速率、产物结构和质量都有很大影响。

（1）苯酚与甲醛摩尔比。其主要影响反应历程和分子结构。在酸性催化反应中，当甲醛摩尔数小于苯酚时，不能形成足够的羟甲基，缩合反应进行到一定程度便停止；在碱性催化反应中，当甲醛摩尔数小于苯酚时，又有部分苯酚以游离状态存在于树脂中，反应不完全。苯酚与甲醛的摩尔比也影响树脂的反应速率和固化时间。

（2）催化剂的影响。其性质、种类、用量对树脂反应速率、固化速率和产物都有影响。酸性或碱性催化剂都可加快羟甲基化速度。pH 值为 4 时反应速率最慢。随着 H^+ 浓度增加，亚甲基化速度加快，固化速度也加快。碱性催化剂对亚甲基化速度影响不大，苯酚与甲醛无论摩尔比大小，在碱性催化剂作用下都能生成热固性酚醛树脂。在酸性催化剂作用下，甲醛被活化，亚甲基化反应速率大于羟甲基化反应速率，生成线型热塑性酚醛树脂。

（3）反应温度和反应时间。它们对酚醛树脂的生产影响较大。苯酚与甲醛混合时，化学反应随即开始，但在低温下反应速率较慢，而在高温下反应速率加快。一般，反应温度每升高 10 ℃，反应速率加快 1 倍。酚醛树脂的合成要缓慢地阶段性升温，反应初期升温慢些，当温度升至 50~60 ℃时，由于反应放热，温度会自行上升。但升温过快会使反应激烈，导致缩聚反应不完全，树脂的相对分子质量大小相差悬殊，游离酚含量高，树脂质量下降。因此，反应时间应长一些，这样生成的树脂的相对分子量分布均匀。

（4）投料方式。在弱碱（如氢氧化铵）的催化作用下，苯酚与甲醛可一次投料进行缩聚反应生成酚醛树脂，该法工艺简单，但游离酚含量高。在强碱（如氢氧化钠）催化作用下，甲醛应分两次加料，与苯酚进行缩聚反应形成酚醛树脂。两次投料可减缓反应放热，易于控制反应温度，有利于降低游离酚含量，提高树脂质量。

【任务实施】

1. 仪器准备

（1）主要任务：完成仪器的选择、清洗与烘干。

（2）生产设备：恒温水浴锅 1 台、三口瓶（250 mL）1 个、搅拌装置 1 个、温度计（0~100 ℃）1 支、烧杯（500 mL）1 个、量筒（20 mL）2 个、球形冷凝管 1 个、减压蒸馏装置 1 套。

（3）公用设备：烘箱、天平、研钵。

2. 生产原料准备

（1）主要任务：完成单体、引发剂及助剂的选择。

（2）单体：苯酚，分析纯；甲醛，分析纯。

（3）催化剂：草酸，分析纯。

（4）助剂：六甲基四胺，分析纯，固化剂。

3. 聚合

主要任务：完成线型酚醛树脂的生产。

向装有机械搅拌、回流冷凝管、温度计的三口瓶中加入 39 g 苯酚、37%的甲醛水溶液 27.6 g；5 mL 去离子水和 0.6 g 草酸，水浴加热开动搅拌，回流 1.5 h，加入 90 mL 去离子水，搅拌均匀后，冷却至室温，分离出水层。

实验装置改为减压蒸馏装置，减压真空度为 66.7~133.3 kPa，升温至 150 ℃，保持 1 h，除去残留的水。在产品保持流动状态下，将其倒出。

4. 固化

主要任务：线型酚醛树脂的固化。

取 10 g 酚醛树脂，加入 0.5 g 六甲基四胺，在研钵中研磨混合均匀，将粉末放入干净光洁的铁板上，小心加热使其熔融，观察流动性的变化。

【归纳总结】

（1）仪器、设备需要预先干燥。

（2）缩聚要点：苯酚、甲醛配料比。

（3）减压蒸馏：真空度的控制。

（4）出料：在流动状态下倒出。

（5）固化：缓慢升温。

【综合评价】

对于本任务的综合评价见表 3-2。

表 3-2　酚醛树脂的生产项目评价表

序号	评价项目	评价要点
1	产品质量	无色或浅红棕色固体
		甲醛、苯酚残留量不得超标
2	原料配比	单体量、催化剂量及其他助剂量
3	生产过程控制能力	温度控制范围
		缩聚反应时间控制
		减压蒸馏除水控制
		固化控制
4	事故分析和处理能力	是否出现生产事故
		生产事故处理方法

【趣味项目】

酚醛树脂层压板的制备。

【任务拓展】

以苯酚和丁醛为单体进行缩聚生产。

任务二　聚酯的生产工艺分析

【知识目标】

（1）掌握聚酯的反应机理。

（2）掌握生产聚酯的主要原料及作用。

（3）掌握聚酯装置的生产工艺及生产特点。

（4）掌握聚酯生产主要岗位设置及各岗位的工作任务。

【能力目标】

（1）能正确分析聚酯生产岗位的工作任务。

（2）能识读聚酯生产工艺流程图。

聚酯是由二元或多元酸与二元或多元醇通过缩聚反应得到的高聚物总称。其中，最主要的品种是聚对苯二甲酸乙二醇酯（polyethylene terephthalate，PET）。它是以对苯二甲酸（PTA）和乙二醇（EG）为原料缩聚而成，呈乳白色或浅黄色，是高度结晶的聚合物，表面平滑有光泽，是世界上第一个实现工业化的聚酯产品。聚酯生产原料及产品示意图如图 3-5 所示。

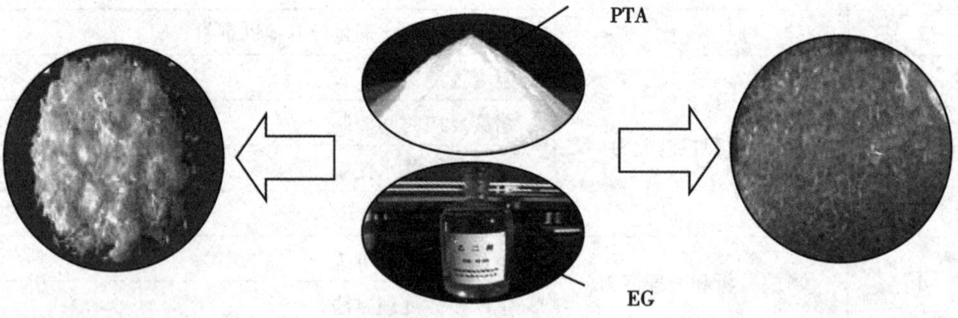

聚酯纤维　　　　生产主原料　　　　聚酯切片

图 3-5　聚酯生产原料及产品示意图

一、聚酯产品

目前，纤维级聚酯和瓶级聚酯占领着全球市场，它们的主要区别在于相对分子质量、特性黏度、光学性能及生产配方等方面。常见的聚酯产品如图 3-6 所示。

二、聚酯的性能指标及用途

1. 聚酯主要品种

聚酯可采用不同的原料、不同的合成方法得到不同品种。目前，聚酯的主要品种有聚对苯二甲酸乙二醇酯、聚对苯二甲酸丁二醇酯（PBT）、聚对苯二甲酸丙二醇酯（PTT）以及非晶型共聚酯（PETG，PCTG 等）系列。

2. 聚酯产品性能

PET 的优点是在较宽的温度范围内具有优良的物理机械性能，耐蠕变性、耐疲劳

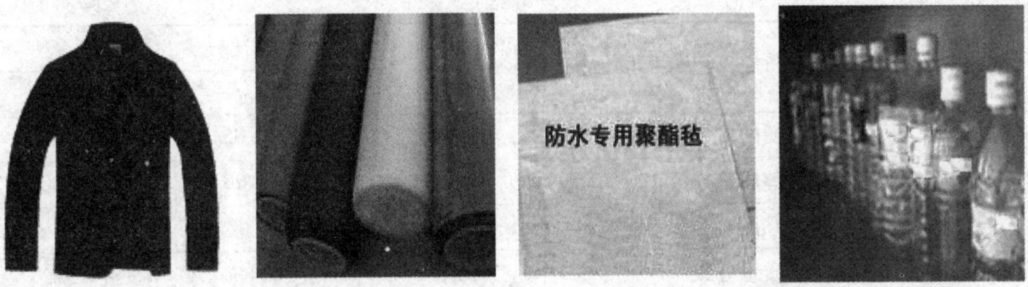

聚酯服装　　聚酯膜　　防水专用聚酯毡　　聚酯塑料瓶

图 3-6　常见聚酯产品

性、耐摩擦性、尺寸稳定性都很好，尤其是电绝缘性优良，耐多种有机溶剂，长期使用温度可达 120 ℃。其缺点是抗冲击性能差，成型加工困难，吸湿性强，使用前常需干燥。但可通过增强、填充、共混等方法进行改性，如加入阻燃剂可提高 PET 阻燃性和自熄性。纤维级聚酯具有强度高，耐皱性、耐腐蚀性和耐磨性好等优异性能。

3. 聚酯产品主要质量指标

聚酯产品的质量主要通过特性黏度、熔点、羧基含量、色度等性能参数来表征。

（1）特性黏度。工业上一般通过测定聚酯的特性黏度来衡量聚酯产品相对分子质量大小。高聚物相对分子质量大小直接影响加工性能和纤维质量，产品的耐热性、耐光性及化学稳定性都与相对分子质量大小有关。如纺织用 PET 特性黏度为 0.64 dL/g，轮胎帘子线用 PET 特性黏度要高于 0.95 dL/g。

（2）熔点。PET 熔点较低，易引起聚酯切片增黏过程的黏结。因此，要控制酯化物中副产物二甘醇的含量。

（3）羧基含量。反映酯化反应进行得是否完全，含量较高会导致切片或纤维色泽变黄。

（4）灰分。是指残留的不可燃烧的金属等无机物含量之和。含量过高易导致 PET 熔体在纺丝过程中的喷丝板堵塞，断头增加。

某企业聚酯切片的主要质量指标如表 3-3 所列。

表 3-3　某企业聚酯切片的主要质量指标

序号	项目	质量指标		
		优级品	一级品	合格品
1	特性黏度/($dL \cdot g^{-1}$)	$M_1 \pm 0.010$	$M_1 \pm 0.013$	$M_1 \pm 0.025$
2	熔点/℃	$M_2 \pm 2$	$M_2 \pm 2$	$M_2 \pm 3$
3	羧基含量/($mol \cdot t^{-1}$)	$M_3 \pm 4$	$M_3 \pm 4$	$M_3 \pm 5$
4	色度(b 值)	$M_4 \pm 2$	$M_4 \pm 3$	$M_4 \pm 4$

表3-3(续)

序号	项目	质量指标		
		优级品	一级品	合格品
5	二氧化钛的质量分数	M_5±0.03	M_5±0.05	M_5±0.06
6	二甘醇质量分数	M_6±0.15	M_6±0.20	M_6±0.30
7	凝集粒子(≥10 μm)/(个·毫克$^{-1}$)	≤1.0	≤3.0	≤6.0
8	水质量分数	≤0.4%	≤0.4%	≤0.5%
9	异状切片质量分数	≤0.4%	≤0.5%	≤0.6%
10	粉末/(mg·kg^{-1})	≤100	≤100	≤100
11	灰分质量分数	≤0.06%	≤0.07%	≤0.08%
12	铁含量/(mg·kg^{-1})	≤2	≤4	≤6

4. 聚酯主要用途

聚酯按用途可分为纤维和非纤维两大类。

聚酯纤维是三大合成纤维之一，俗称涤纶。近年来，聚酯差别化纤维的生产量也日益增大。差别化纤维是指在原来纤维组成的基础上进行物理或化学改性处理，使纤维的形态结构、物理化学性能与常规化纤有显著的不同，主要有异形纤维、中空纤维、复合纤维和细特（旦）纤维等。比如中空纤维是贯通纤维轴向且有管状空腔的化学纤维，最大特点是密度小，保暖性强，适合做羽绒型制品，如高档絮棉、仿羽绒服、睡袋等。

非纤维类主要可用来制造薄膜、工程塑料及充装饮料、食品等中空制品，也可用来制造绝缘材料、磁带带基、电影或照相胶片片基和真空包装等。由于聚酯具有良好的物理、化学和机械性能，特别是力学性能、绝缘性、耐热性、耐化学性、耐磨性及后加工性能优异，民用聚酯纤维的消耗量不断增长，同时在非纤维领域也得到进一步的拓展。目前，聚酯正在越来越多地取代金属、玻璃、陶瓷、纸张、木材和其他合成材料。聚酯的主要用途如表3-4所列。

表3-4 聚酯的主要用途

应用领域	应用实例
纤维（长丝、短丝、工业丝）	服装、医用绷带、轮胎帘子线、工业滤布、建筑防水基材等
薄膜	包装、绝缘材料、带基等
瓶罐	饮料瓶（如可乐、果汁、矿泉水瓶等）、食品瓶（如酱油瓶、醋瓶等）、化妆品包装及洗涤用品包装瓶等
工程塑料	电子、电器、汽车等领域，如仪表壳、热风罩等

子任务一　聚酯生产原理

【任务介绍】

依据单体的结构特征，从理论上分析判断合成聚酯所遵循的聚合机理，生产上可采用什么方法控制聚合反应速率及产物的相对分子质量。

【相关知识】

一、单体的性质及来源

1. 对苯二甲酸

对苯二甲酸是产量最大的芳香族二元羧酸，在常温下为白色晶体或无定型粉末，无毒、易燃，若与空气混合，在一定限度内遇火即燃烧，甚至发生爆炸。室温下难溶于水，不溶于乙醚、乙酸乙酯、二氯甲烷、甲苯、氯仿等大多数有机溶剂，可溶于强极性有机溶剂。

工业上，对苯二甲酸主要通过对二甲苯的氧化法制得。

2. 乙二醇

乙二醇是最简单的二元醇，是无色、无臭、有甜味的黏稠液体，挥发度极低，能与水、丙酮互溶，但在醚类中溶解度较小。

工业上，乙二醇主要通过环氧乙烷直接水合法制得。

二、合成聚酯的聚合反应机理

聚酯是对苯二甲酸和乙二醇经缩聚反应聚合而成，为保证缩聚反应中的摩尔比，先制得对苯二甲酸乙二醇酯（也称对苯二甲酸双羟乙酯，BHET），这样就由混缩聚转变成了均缩聚反应。

工业上，可通过酯交换法、直接酯化法和环氧乙烷法合成对苯二甲酸双羟乙酯。

1. 酯交换法

酯交换法是最早被采用的生产聚酯的方法。因早期对苯二甲酸提纯技术落后，很难得到高纯度的对苯二甲酸，所以先由对苯二甲酸与甲醇反应生成易于提纯的对苯二甲酸二甲酯（DMT），再由高纯度的DMT（不小于99.9%）与乙二醇（EG）进行酯交换反应生成对苯二甲酸双羟乙酯（BHET），最后经缩聚反应得到聚对苯二甲酸乙二醇酯（PET）。因合成过程中必须进行酯交换反应，所以工业上称为酯交换法。这种工艺的缺点是需要制备DMT，又要消耗甲醇，工艺流程长、成本高。具体反应式如下：

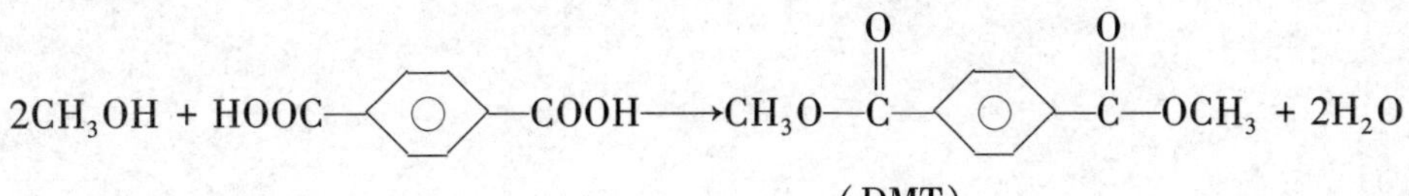

（DMT）

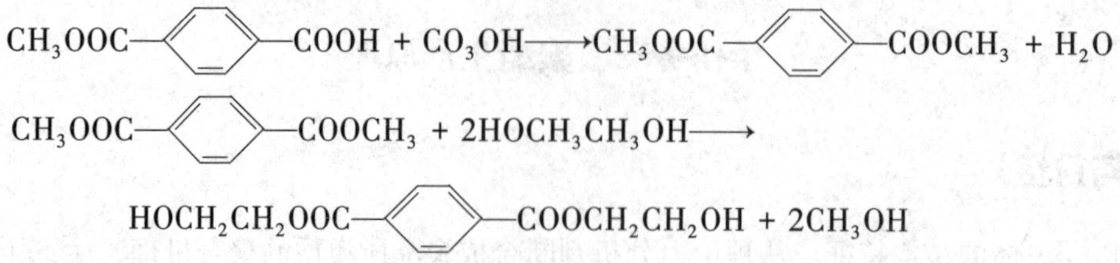

2. 直接酯化法

直接酯化法是将对苯二甲酸与乙二醇直接酯化生成对苯二甲酸双羟乙酯，再经均缩聚反应制得聚对苯二甲酸乙二醇酯。因直接酯化再缩聚，工业上称为直接酯化法或直缩法。与酯交换法相比，这种方法对单体纯度要求高、反应速率较慢，易产生副产物二甘醇（DEG），影响纤维质量；但工艺简单，设备利用率高。随着技术改进，目前可实现精制后的对苯二甲酸纯度高达99.9%以上，反应温度也能达到220 ℃以上，通过加入催化剂，也抑制了副产物的生成，因此被广泛采用。具体反应式如下：

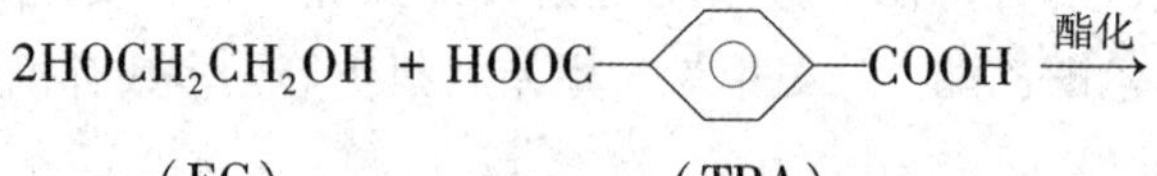

（EG）　　（TPA）

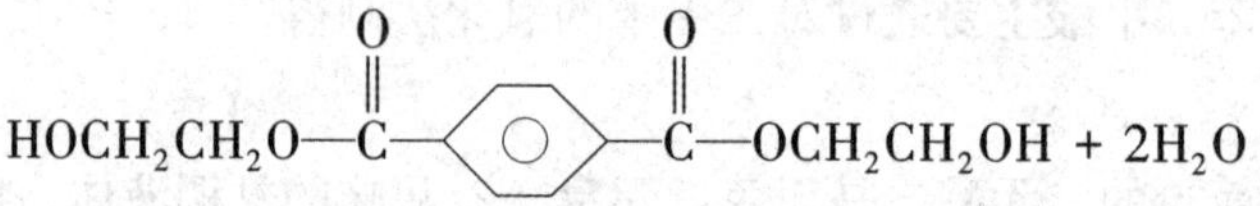

（BHET）

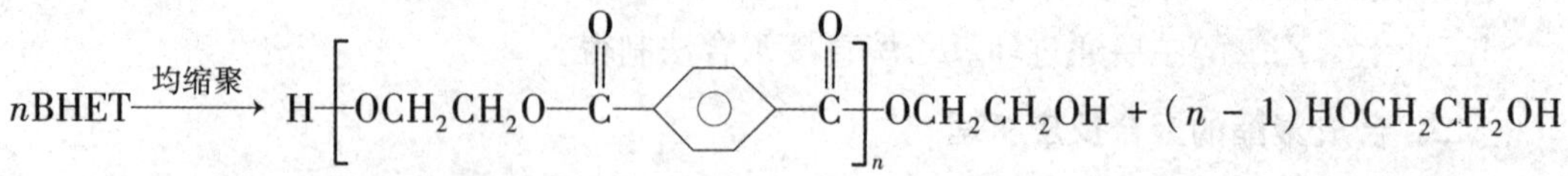

（PET）

3. 环氧乙烷法

环氧乙烷法是由对苯二甲酸与环氧乙烷（EO）直接加成生成对苯二甲酸双羟乙酯，再经均缩聚反应制得聚对苯二甲酸乙二醇酯。这种方法可省去由环氧乙烷制备乙二醇的步骤，成本低、反应快，但环氧乙烷易燃易爆且反应过快时不易控制，易产生副产物而影响对苯二甲酸双羟乙酯的质量，此外，环氧乙烷常温下为气体，沸点低，对设备要求高。具体反应式如下：

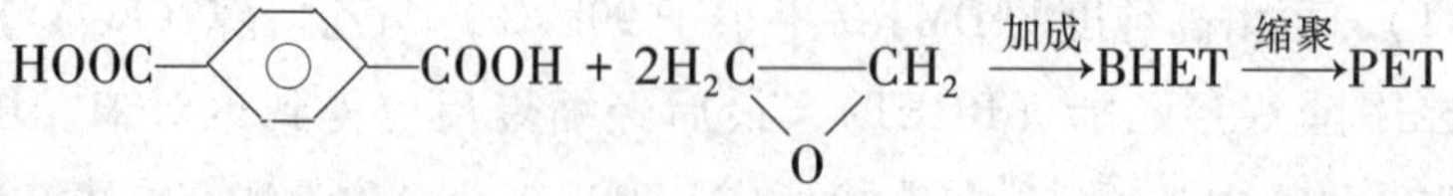

（PTA）　　（EO）

子任务二　聚酯生产工艺

【任务介绍】

依据熔融缩聚法生产聚酯的生产原理特征，分析生产聚酯所需的原料及其作用与规格，正确分析聚合用设备特点及影响聚酯熔融缩聚的主要因素。

【相关知识】

一、聚酯熔融缩聚生产工艺

熔融缩聚法流程简单、操作方便，目前广泛采用的是直接酯化法制备对苯二甲酸双羟乙酯，再经缩聚反应合成聚酯（PET）。除单体外，熔融缩聚原料配方中常常还需加入催化剂、稳定剂等，若用作合成纤维，还要添加消光剂和着色剂。

1. 主要原料

（1）单体。

① 对苯二甲酸。它的质量指标主要有4-羧基苯甲醛（合成中带入）含量、粒径、金属含量、水分、酸值等。4-羧基苯甲醛会导致PET色泽变差，降低聚酯产品的黏度，同时产生齐聚物，容易使真空管道堵塞；PTA粒径大小及分布是否均匀决定了浆料成浆性的好坏，直接影响到酯化的质量；金属含量将影响PET的色相，其中以铁和钼的影响较大，各金属含量之和一般不应大于10^{-5}；水分多会使PTA结团、成块、粘壁、堵塞，浆料配制时易产生加料中断，造成生产上的不稳定性。

② 乙二醇。它的质量指标主要有密度、含水率、灰分、铁含量、二甘醇（DEG）、氯离子等。EG密度低于规定值说明水含量较多，会影响浆料配制中的摩尔比，影响酯化反应；灰分过高时会使熔体在纺丝过程中断头，使聚酯生产中过滤器寿命缩短及喷丝板易被堵塞；铁含量过大时将影响聚酯产品色相；二甘醇是生产乙二醇时的副产物，参加酯化和缩聚反应存在聚酯分子链中，会影响PET纤维的可纺性和染色性。但对于瓶级切片而言，需要稳定并保持一定的二甘醇含量；氯离子主要对不锈钢反应器有腐蚀性。

（2）催化剂。对于缩聚反应，可以不用催化剂，但聚合反应速率较慢，得不到高相对分子质量的聚合物。聚酯生产中，为了加速缩聚反应的进行，通常加入一定量的催化剂。由于催化剂具有选择性，应根据缩聚反应的类型、反应条件等选择合适的催化剂。催化剂对缩聚反应产生影响的因素主要是催化剂种类和浓度。

① 催化剂种类。不同的催化剂对缩聚反应的影响不同。研究结果表明，锑、锡和钛的化合物是最具活性的缩聚催化剂，最常见的缩聚催化剂是锑系化合物，有三醋酸锑、三氧化锑和乙二醇锑等。三醋酸锑是白色或接近于白色的结晶固体粉末，有强烈的醋酸气味，有腐蚀性。其溶解性较好，配制成溶液后，在低于60 ℃的情况下不析出，

且催化速度适中，所得产品色相较好，被广泛使用。

② 催化剂浓度。催化剂不仅能催化主反应，对副反应也有促进作用，残留在聚合物中在纺丝过程中对热降解也会起到催化作用，导致生成凝胶，影响产品的性能。因此，催化剂加入量一定要适当。

（3）消光剂。聚酯产品表面光滑，有一定的透明度。在光线的照射下，其反射光线的强度很大，使纤维发出刺眼的强烈光泽，影响所做面料的美观。为消除聚酯纤维的这种缺陷，可在纤维内添加少量折射率不同的物质，使光线向不同方向进行漫射，纤维的光泽就会变暗，添加的这种物质称作消光剂。其实质是变全反射为无规则漫射，可以改进反光色调并起增白作用。消光剂折光率与聚酯差值越大消光效果越好，此外，要保证粒度分布均匀，加工过程中不发生变化且使用过程中不易被洗去。

二氧化钛（TiO_2）又称钛白粉，是白色粉末，无毒，化学性质稳定，折光率较大且分散性好、不溶于水，在高温下不发生变化，在后处理及洗涤时不易被洗去。在聚酯生产中，二氧化钛用作消光剂，最适宜的粒度为 0.15~0.35 μm，大粒径的可通过球磨的方法将其粉碎。在达到预期消光效果的前提下，其加入量越少越好。

根据聚合物内消光剂的含量，可将聚酯产品划分为超有光、有光、半消光和全消光等品种。聚合物中不添加二氧化钛的为超有光，聚合物中二氧化钛含量在 0.1%（wt）左右为有光，含量在 0.3%~0.5%（wt）为半消光，含量在 1.0%（wt）左右的为全消光。

2. 聚酯的熔融缩聚

对苯二甲酸和乙二醇采用酯交换法连续熔融缩聚工艺，得到的聚酯熔体可直接纺丝。当作为工程塑料或瓶级制品时，要求进一步提高其相对分子质量，可将熔融缩聚法得到的适当相对分子质量范围的产品出料后，再进行固相缩聚得到聚酯切片。采用连续固相缩聚方法生产高相对分子质量聚酯，是将相对分子质量较低的聚酯预聚粒子加热至其玻璃化温度以上、熔点以下，在氮气保护下，使聚合物链末端有足够的活性继续进行缩聚反应，进而生成高相对分子质量的聚酯。固相缩聚反应特点为产物色泽好、端羧基少，能制造高黏度的瓶级聚酯切片。

二、影响酯化、缩聚反应的因素

聚对苯二甲酸乙二醇酯（PET）是由对苯二甲酸与乙二醇经缩聚反应制成的聚合物。生产过程大概分为酯化和缩聚两个步骤：第一步是对苯二甲酸和乙二醇酯化，形成由对苯二甲酸乙二醇酯（BHET）及少量低聚物组成的预聚物，副产物水可经分馏系统排出；第二步是预聚物在熔融态进行缩聚反应，利用高真空将副产物乙二醇除去。

1. 影响酯化反应的主要因素

酯化反应是合成聚对苯二甲酸乙二醇酯的第一步反应，其影响因素主要有以下四个方面。

（1）原料物质的量之比。原料乙二醇与对苯二甲酸的摩尔比主要影响反应过程和产品的聚合度，与其他缩聚反应一样，只有乙二醇和对苯二甲酸在等物质的量配比条件下才能得到高聚合度的聚对苯二甲酸乙二醇酯。如果原料物质的量之比过低，浆料黏度大，反应慢且不均匀；物质的量之比高则意味着乙二醇浓度高，有利于提高反应速率。但另一方面，由于反应体系中羟基浓度增大，副反应产物二甘醇生成量增加，并且还增加分离乙二醇的消耗，很不经济。通常情况下，原料乙二醇与对苯二甲酸的摩尔比为1.7~1.8。

（2）温度。在原料物质的量之比一定的条件下，提高反应温度会使反应速率也随之增加，若要得到特性黏度较高的聚酯，酯化温度至少要高于250 ℃，否则酯化时间和缩聚时间都需延长，并且产品熔点低，色相较差。但提高反应温度，副反应速率也随之加快。如果采用两个串联酯化反应器逐级升温方式，有利于减少副产物二甘醇的生成量和降低分离乙二醇的能耗。

（3）压力。为维持适当的原料物质的量之比，酯化反应通常在加压下进行，提高压力，反应速率加快，同时酯化副产物二甘醇的生成量也会增加。因此，要选择一个适宜的压力，以利于酯化反应。

（4）停留时间。是影响酯化率及产物质量的重要因素之一。酯化反应停留时间过短，则酯化不完全；酯化反应停留时间过长，则导致产品中二甘醇含量增加。一般当缩聚物的酯化率达95%以上时，酯化反应可视为完成。

2. 影响缩聚反应的主要因素

缩聚反应是对苯二甲酸与乙二醇分子彼此缩合聚合，不断释放出乙二醇分子生成聚对苯二甲酸乙二醇酯，是逐步进行的。在反应体系中，单体很快消失而转变成各种不同聚合度的缩聚物，产物的聚合度随时间延长而逐渐增加。

（1）催化剂。在化学反应过程中加入催化剂目的是改变正、逆反应速率以提高反应的选择性，不会改变反应平衡常数。

（2）温度。缩聚反应一般是放热反应，升高温度对平衡反应不利，也会影响缩聚产物的平均聚合度。但缩聚反应的热效应一般较小，而升高温度能加快反应速率，促使反应更快趋向平衡，有利于排出小分子，所以在实际生产中采用逐渐升高温度的方法来缩减反应停留时间。但温度过高又会产生热降解，易生成齐聚物（三聚体、四聚体），使产物的聚合度下降，羧基含量上升，颜色发黄，所以温度一般控制在280~285 ℃。

（3）压力。缩聚反应一般在真空下进行，压力越低，真空度越高，越有利于排出乙二醇，反应速率也越快。但高真空在实际生产中夹带物也多，易堵塞管线。所以，有效地控制连续缩聚卧式反应釜内真空度是保证产品质量稳定的关键。

（4）停留时间。缩聚反应停留时间与真空度、温度和催化剂浓度等相关。停留时间过短，产品相对分子质量达不到要求，分布也不均匀，影响产品质量；停留时间过长，相对分子质量虽达到要求，但产量低，同时，过长的停留时间也会使副反应增加而导致产品色泽变坏。

（5）反应程度。缩聚反应过程中，随着反应程度的增加，缩聚产物聚合度也相应增加。

（6）搅拌速度。在缩聚反应后期，体系的黏度很高，为加速扩散生成的乙二醇，使平衡向有利于缩聚反应的方向移动，高真空和适宜的搅拌速度都是重要的保障因素。

3. 载热体（热媒）

聚酯生产中的酯化反应为吸热反应，而缩聚反应虽是放热反应，但放热量很少，生产中也需要一定的热量进行保温。因此，对酯化和缩聚的反应器、熔体管道、气相管道等均需要进行加热和保温，所需的热量是通过载热体（俗称热媒）获得的。热媒主要有无机盐类、矿物油类、水蒸气和有机化合物。各种热媒使用时的相态、操作方法大不相同。聚酯装置使用的热媒是有机类载热体加氢三联苯，最高使用温度不能超过350 ℃。通常，把热媒站送来的新鲜热媒称为一次热媒，装置中不同设备、管线有着不同的温度要求，有各自的加热回路，称为二次回路。每个二次回路都有各自的温度调节，通过控制一次热媒进入二次回路的补充量，以实现不同的温度要求。每个二次回路回流的二次热媒汇集送回热媒站加热升温，循环使用。气相热媒是由一次热媒通过热媒蒸发器汽化而生成的。

三、聚合反应设备

聚酯生产分为酯化和缩聚两个阶段，所采用的反应器结构也有所不同。

1. 酯化反应器

酯化反应器是一个全夹套带搅拌的立式反应器，反应器内有液相热媒加热盘管加热，夹套内是气相热媒保温。搅拌器采用上下两层 10 个叶片的推进式搅拌器，物料通过搅拌器混合搅拌，其主要作用是对反应器内的物料进行加热及混合搅拌，并保持一定的压力，使对苯二甲酸浆料能够顺利进行酯化反应。酯化反应器有两种结构，一种内部没有挡板，另一种内部设置挡板将反应器分为内、外室。无挡板的酯化反应器结构示意图如图 3-7 所示。

2. 预缩聚反应器

预缩聚反应器有两种结构。一种与酯化反应器相似，全夹套带搅拌的立式反应器，反应器内有液相热媒加热盘管加热，夹套内是气相热媒保温，但由于预缩聚反应是在真空条件下进行的，受真空压力变化的影响，物料在进入反应器后呈沸腾状态，因此这种预缩聚反应器不需搅拌，而是靠物料自身沸腾进行混合，从而使反应均匀进行。反应器内酯化反应和缩聚反应是同时进行的，汽化的乙二醇和水不断地被真空系统抽走。预缩聚反应器的主要作用是对反应器内的物料进行加热，依靠物料自身沸腾进行混合，并保

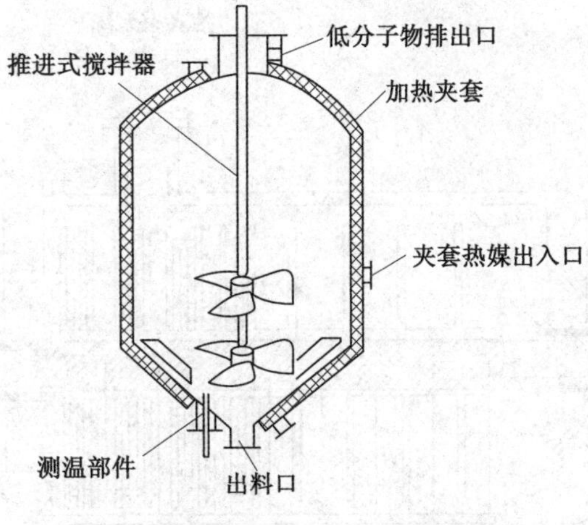

图 3-7　无挡板酯化反应器结构示意图

持一定的真空度，使物料能够顺利进行缩聚反应。另一种是与缩聚反应器相似的卧式单轴环盘反应器。

3. 缩聚反应器

缩聚反应器是一个全夹套卧式单轴环盘反应器。为了使聚合物在反应器内停留的时间均匀，使过量的乙二醇尽快逸出，采用了分室的环盘结构。室与室之间有加热挡板，加热挡板的作用是使物料的流动得以控制，防止返混，挡板上相应部位开有让物料流通的斜弦孔，前三块挡板上设有加热夹套。物料从底部进入反应器，入口处设有盘管加热，物料一进入反应器就能够吸收热量迅速蒸发；物料在反应器内由入口向出口流动，总体呈活塞流，在每一块环盘附近，由于环盘的圆周运动，物料被盘面拉起离开液面，随即在重力作用下逐渐破碎落下，从而增大了物料的蒸发面积，有利于乙二醇的蒸发，加快了缩聚反应的进行。终缩聚反应器内部不设加热盘管和加热挡板，以防止齐聚物堆积堵塞。其结构示意图如图 3-8 所示。

圆盘反应器的搅拌轴一端支撑在反应器前端盖上，另一端支撑在圆盘反应器的内部，缩聚反应器的主要作用是对反应器内的物料进行加热、搅拌，并保持一定的真空度，使物料能够顺利进行缩聚反应。

4. 工艺塔

对苯二甲酸与乙二醇在酯化反应过程中不断脱出水，体系由非均相向均相转化，溶液由混浊趋向透明；由酯化向缩聚过渡过程中，体系逐渐增稠，并不断脱出乙二醇，最终生成较高黏度的聚对苯二甲酸乙二醇酯熔体。因此，在酯化过程中，处理好非均相悬浮物料输送，不断脱出分离体系中的水；在缩聚过程中从高黏度物料中不断蒸发脱出乙二醇、聚对苯二甲酸乙二醇酯熔体在高真空下连续出料等是工艺处理和操作控制的关键。聚酯装置利用精馏原理，采用工艺塔将乙二醇-水混合物分离为乙二醇和水。

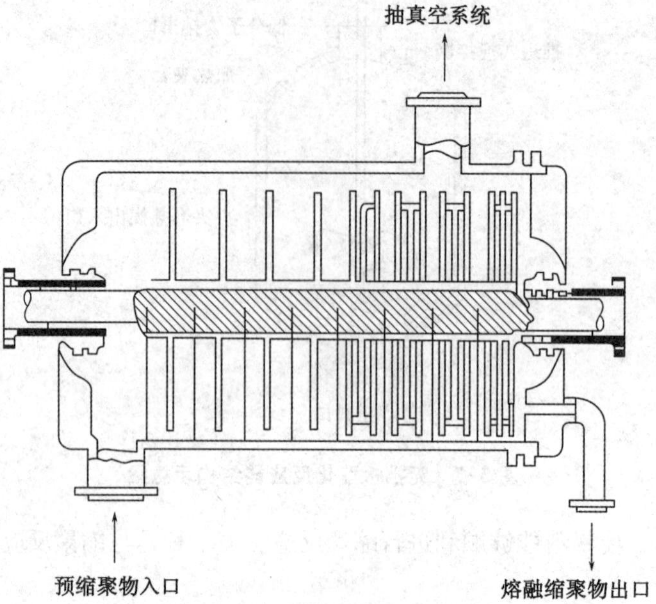

图 3-8　缩聚反应器结构示意图

5. 卧式刮板冷凝器

卧式刮板冷凝器是通过不断旋转的刮板和喷淋冷凝液的共同作用，将挂在器壁和聚集在冷凝器入口处的齐聚物刮除，送至液封罐集中排放，从而可以减轻真空系统负担的一种分离设备。其结构示意图如图 3-9 所示。

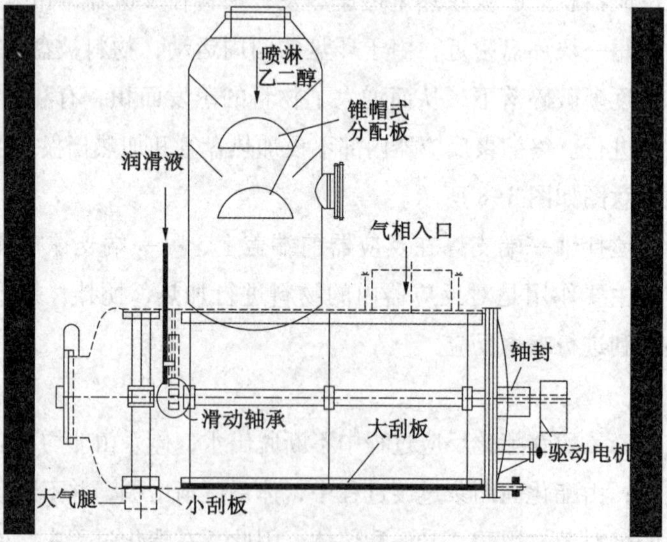

图 3-9　卧式刮板冷凝器结构示意图

四、聚酯生产工艺路线特点

1. 生产分酯化、缩聚两个阶段

由于酯化和缩聚反应同时发生，因此很难划分酯化反应和缩聚反应的阶段。通常把正压下反应阶段称为酯化反应，负压下反应阶段称为缩聚反应。

2. 在高温、高压、高真空度下操作

从酯化反应到缩聚反应，反应温度从 260 ℃升高到 280 ℃；酯化反应为微正压，而缩聚反应是在高真空度下进行；熔体在管道中的压力高。

3. 原料易燃易爆

聚酯生产的主原料对苯二甲酸是白色粉末，在空气中达到一定量时易发生燃烧，产生爆炸。乙二醇蒸气、热媒等也均是易发生爆炸的危险品。

4. 生产存在副反应

对苯二甲酸与乙二醇进行酯化和缩聚反应时可能产生一些副反应。副反应主要是醚键的生成，两个乙二醇分子脱去一个水分子生成二甘醇，具体反应式如下：

$$HO—CH_2—CH_2—OH + HO—CH_2—CH_2—OH \longrightarrow$$

$$HO—CH_2—CH_2—O—CH_2—CH_2—OH + H_2O$$

温度为 200 ℃以下时，二甘醇生成量是很少的，其生成速度随温度上升而急剧加快。二甘醇还可以继续与乙二醇反应生成三甘醇，当三甘醇生成量很低时，可忽略不计。

聚酯生产过程中，每个反应釜都会有二甘醇生成，其中第一酯化釜生成的二甘醇最多，约占总生成量的 75%。二甘醇对产品的影响主要有三个方面：使产品易于染色；能起到润滑剂的作用；增加熔体的流动性，使熔体易于加工。生产中，通常将其含量控制在一定范围内。

5. 可进一步固相缩聚

用作瓶子和工业丝的高黏度聚酯，可通过真空或在惰性气体保护下，经进一步固相缩聚制备。

五、合成纤维的后处理

经聚合后得到的聚酯熔体通常依据其黏度和目标产品的要求而选择后加工方式，一般有切片熔纺（切成切片后熔融纺丝）、熔体直纺、切片固相增黏等。

1. 切片熔纺和熔体直纺

切片熔纺主要包括切片干燥、熔融、纺丝及后加工等过程，熔体直纺原料是高聚物的熔体，后加工过程与切片熔纺完全相同。其工艺流程图如图 3-10 所示。

2. 切片固相增黏

通过熔融缩聚得到的聚酯原料的相对分子质量还达不到某些特殊领域的要求，必须

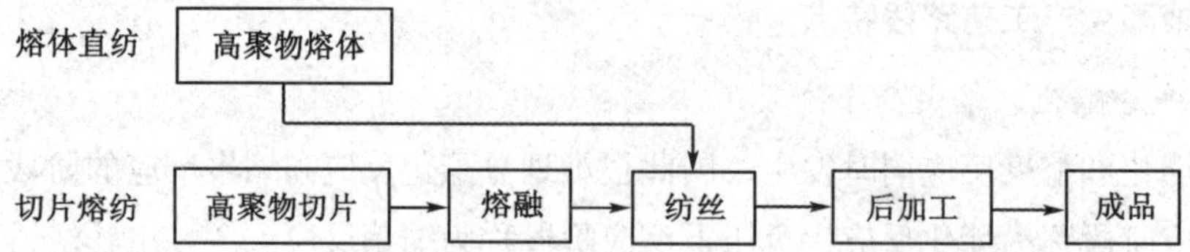

图 3-10 熔体直纺和切片熔纺工艺流程图

对其切片进行固相缩聚。固相缩聚是聚酯颗粒在保持固相、低于熔点温度、高真空条件和催化剂作用下进行的缩聚反应，以达到增黏、脱醛和提高结晶度的目的，所得到的瓶级高黏树脂降解小、色泽好。固相缩聚的聚酯增黏过程可分为原料切片预结晶、固相缩聚和产物冷却三个基本工序。

子任务三 聚酯生产主要岗位任务

【任务介绍】

依据聚酯生产工艺过程，理解并掌握主要岗位的工作任务及操作要点，能绘制生产工艺流程图。

【相关知识】

德国吉玛工艺生产岗位主要有原料贮存、催化剂配制、浆料配制、消光剂配制、酯化反应、预缩聚、终缩聚、切片生产等。聚酯产品为聚酯切片（含瓶级聚酯切片）和聚酯熔体。聚酯熔体作为短丝装置的原料进行直接纺，聚酯切片（含瓶级聚酯切片）作为直接产品出厂。

1. *原料贮存*

① 岗位主要任务。负责原料的卸料、贮存及输送。

② 操作要点。

❖对苯二甲酸。它是白色粉末，因此为防止粉尘爆炸，多选用氮气作为输送介质，采用正压（加压）气流输送方式卸料、入料仓贮存及输送物料。为保证一定的压力及安全，采用旁路调节压力，并设置安全保护连锁装置。用氮气输送至聚合装置生产线的日料仓。

❖乙二醇。它是液体，应保证新鲜及循环，将其贮存在贮罐中。

2. *催化剂配制*

① 岗位主要任务。负责将催化剂按工艺参数要求配制成溶液。

② 操作要点。

❖三醋酸锑贮存时注意要密封存放，保持恒温、恒湿，防雨淋。

❖三醋酸锑易溶于乙二醇，按配制浓度在配制槽通过流量计加入乙二醇，加热（不超过 60 ℃）及适当搅拌有利于提高溶解速度。

❖用蒸汽加热，混合搅拌，使三醋酸锑充分溶解于乙二醇中，配制成溶液，经过滤器滤去可能带进的固体杂质，供给反应系统使用。

❖催化剂溶液分批配制，配制过程属于间歇操作。

3. 浆料配制

① 岗位主要任务。负责将原料配制成浆料，为酯化反应单元提供原料。

② 操作要点。

❖对苯二甲酸由日料仓经连续称量后，以一定的进料速度，连续均匀地加入浆料配制槽。

❖将配制好催化剂溶液和一定量循环乙二醇一同喷淋加入浆料配制槽，在搅拌器的作用下，充分混合均匀、配制成满足工艺要求原料配比的浆料，并有一定的停留时间。

❖配制好的浆料用浆料泵送入第一酯化反应器，自动调节液位。

❖浆料配制过程属于连续操作。

4. 消光剂配制

① 岗位主要任务。负责将 TiO_2 研磨成小颗粒，配制成细粒子的悬浮液，为聚合单元提供消光剂。

② 操作要点。

❖在配制槽内，用新鲜乙二醇配制，研磨机击碎固体 TiO_2 粒子，得到颗粒直径符合质量要求的悬浮液。

❖二氧化钛悬浮液打入离心机中进行离心分离，除掉未分散开的大颗粒，经过滤器压送至供料槽，通过浆料泵输送供生产线使用。大粒径需要再次研磨。

❖消光剂配制过程属于间歇操作。

5. 酯化反应

① 岗位主要任务。负责为预缩聚反应单元提供原料。

② 操作要点。

❖两个酯化反应器串联操作。

❖浆料由第一酯化反应器顶部进入，通过搅拌器混合搅拌和热媒盘管进行加热。在一定温度下进行反应，反应后的物料由第一酯化反应器的底部从侧面进入第二酯化反应器。

❖在第二酯化反应器，依靠搅拌和热媒盘管进行加热，物料由内室流入反应器外室，在一定温度下继续进行酯化反应，消光剂通过浆料泵从反应器上部加入。

❖第一、二酯化反应生成的水和蒸发的乙二醇共同进入工艺塔进行精馏分离。塔釜液乙二醇送至浆料配制。

6. 预缩聚

① 岗位主要任务。负责为终缩聚反应单元提供预聚物。

② 操作要点。

❖预缩聚分两段进行。

❖酯化产物借压差进入第一预缩聚反应器内室，通过热媒盘管进行加热，然后再从内室进入反应器外室，使酯化物在一定温度和压力下进行预缩聚反应。

❖反应器内酯化、缩聚两种反应同时进行。

❖由第一预缩聚反应器出来的物料借位差和压差从底部进入第二预缩聚反应器，继续进行反应，预缩聚物料酯化率达到99.5%左右。

❖第二预缩聚反应器的物料是在较高真空度下进行的，采用乙二醇蒸气喷射器使反应器内真空。

7. 终缩聚

① 岗位主要任务。负责为切片单元提供原料。

② 操作要点。

❖预聚物由底部进入圆盘反应器，在一定温度和压力下完成终缩聚反应，使物料的特性黏度提高，聚合物酯化率达到99.8%左右。

❖聚合物熔体由熔体出料泵排出，经熔体过滤器送去切粒。

8. 切片生产

① 岗位主要任务。负责完成熔体的切粒、包装。

② 操作要点。

❖聚合物熔体由齿轮泵输送，经熔体过滤器过滤后，用熔体分配阀，其中部分去短丝装置直接纺丝，其余则去切粒系统切粒。

❖熔体进入水下切粒机的导流板，用脱盐水喷淋冷却，使熔体在半固化状态下切粒，并被水进一步冷却及固化，当切片冲至切片干燥器的水分离器时，除去大部分水分，然后再由风机进一步吹除切片表面水分，使切片含水量合格。

六、聚酯生产工艺流程图

吉玛工艺五釜生产聚酯的工艺流程图如图3-11所示。

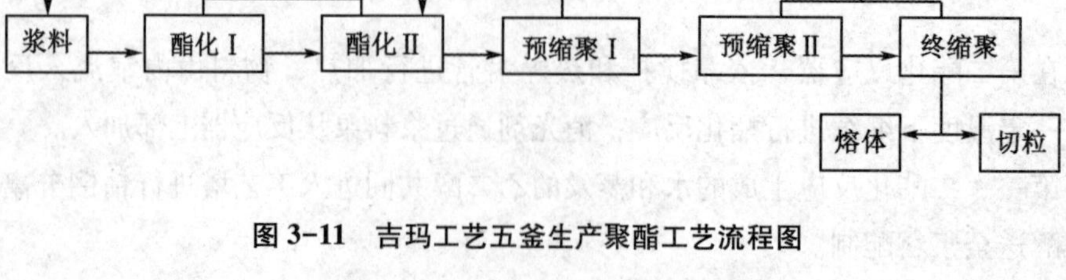

图3-11　吉玛工艺五釜生产聚酯工艺流程图

子任务四　聚酯装置生产工艺流程

【任务介绍】

依据聚酯生产岗位的主要工作任务，识读聚酯装置的生产工艺流程图，能准确描述物料走向。

【相关知识】

一、聚酯装置生产工艺流程图

聚酯装置生产工艺流程图如图 3-12 所示。

二、聚酯装置生产工艺流程说明

在催化剂配制槽中，按设定的配制浓度加入一定量的新鲜乙二醇，启动搅拌器，加入定量的催化剂三醋酸锑粉末，用一定压力的蒸汽加热，在 60 ℃的温度下混合搅拌 1 h 左右，使三醋酸锑充分溶解于乙二醇中，配制成一定浓度的催化剂溶液，然后经过滤器滤去可能带进的固体杂质，借重力流入催化剂供料槽中，由供料泵供给反应系统使用。

在消光剂配制槽中，按设定的配制浓度加入一定量的新鲜乙二醇，启动搅拌器，加入定量的消光剂二氧化钛颗粒，混合搅拌 1 h 左右，配制浓度为 50%（wt）的二氧化钛悬浮液，用研磨机经循环槽进行两次循环研磨，每次约 3 h，采用夹套，通 7 ℃冷冻水进行冷却降温，移除研磨过程中产生的热量。两次研磨后的二氧化钛悬浮液加入稀释槽，再次加入一定量的新鲜乙二醇，搅拌稀释成浓度为 11%（wt）的二氧化钛悬浮液，用输送泵打入离心机进行离心分离，除掉二氧化钛大颗粒。分离后的悬浮液靠自重流入中间贮罐静置一段时间，消除静电，经过滤器送至消光剂供料槽中，由计量泵供给生产线使用。

原料对苯二甲酸自日料仓经连续称量，以一定的进料速度加入浆料配制槽，同时将配制好的催化剂溶液和循环使用的乙二醇分别按比例计量后一同喷淋加入浆料配制槽，在搅拌器作用下，使对苯二甲酸和乙二醇充分混合均匀后配成浆料，浆料在配制过程中停留 3~4 h。

配制好的浆料用浆料输送泵送入带有搅拌器的第一酯化反应器的顶部进行酯化反应，通过热媒盘管进行加热，在 260~270 ℃下进行酯化反应，停留时间约 200 min。反应后的物料由第一酯化反应器的底部通过泵从侧面进入带有搅拌器的第二酯化反应器的内室，通过热媒盘管进行加热，物料由内室流入反应器外室，在 265~275 ℃下继续进行酯化反应，反应时间约 70 min，将配制好的消光剂悬浮液通过计量泵定量地从第二酯化反应器顶部加入反应器。

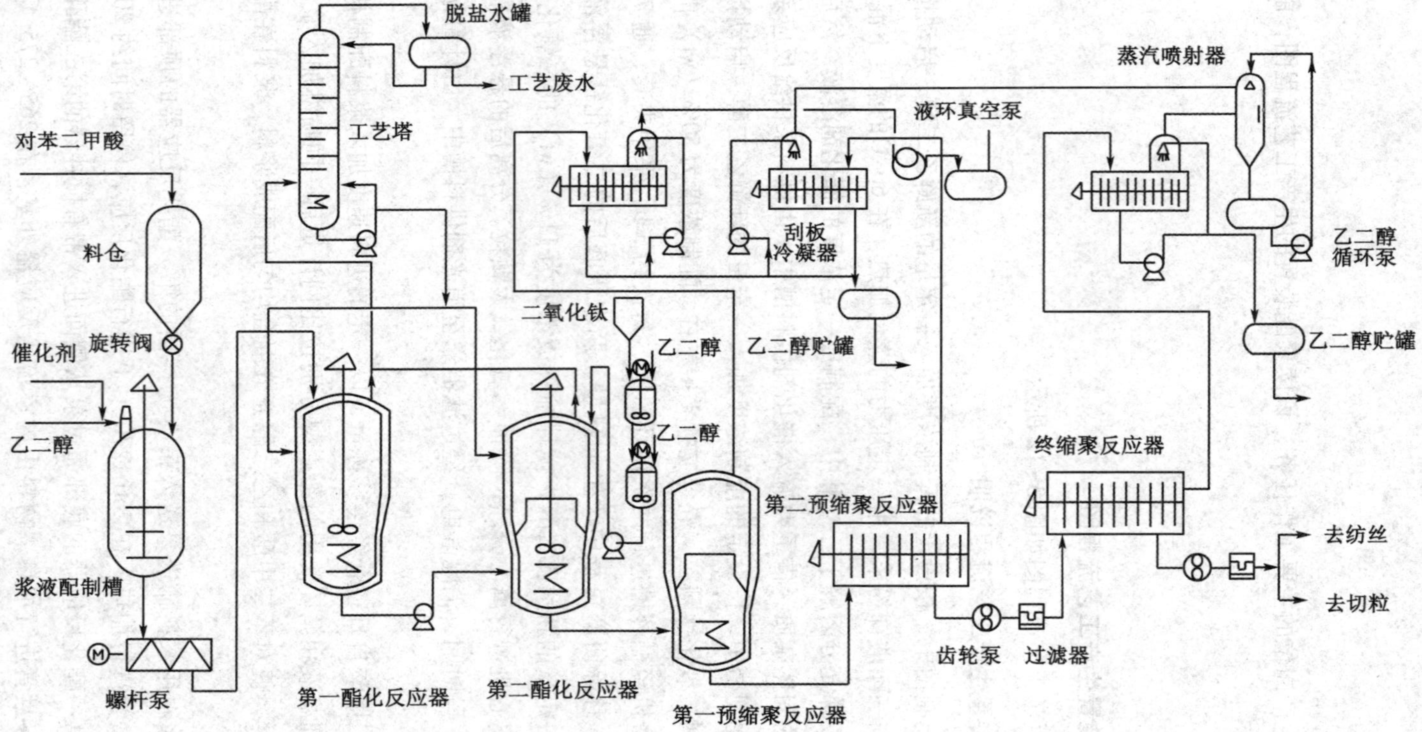

图3-12　聚酯装置生产工艺流程图

第一、二酯化反应器内反应生成的水和蒸发的乙二醇通过压力控制器调节一定流量从反应器顶部管道排出，一起进入工艺塔，在塔内进行精馏分离。塔顶馏出物主要是水（质量分数约为98.48%），其余为乙二醇、乙醛等，馏出物经塔顶冷凝器和回流罐部分回流，其余废水冷却后送至污水处理厂处理。塔底釜液的乙二醇含量约为99.04%，由塔底出料泵一部分送至第一、二酯化反应器，剩余部分送至浆料配制槽，进行浆料配制。工艺塔和酯化反应器的加热盘管以及酯化产物夹套管均由二次回路的液相热媒加热，反应器的加热夹套和气相管线则由气相热媒加热。

来自第二酯化反应器的酯化产物，凭借压力差进入不带搅拌装置的第一预缩聚反应器内室，通过热媒盘管进行加热，然后从内室流入反应器外室，使酯化物料在温度为268~278 ℃、压力为6~14 kPa的条件下进行预缩聚反应，反应时间为30 min左右。由于预缩聚反应是在真空条件下进行的，受压力差的影响，物料进入反应器内室后呈沸腾状态，因此不需要搅拌，可以利用物料的自身沸腾进行混合。第一预缩聚反应器内酯化、缩聚两种反应同时进行，汽化的乙二醇不断被真空系统抽走，进入在入口处装有刮板式搅拌器的刮板冷凝器中，以清除聚集在入口处结块的齐聚物，然后乙二醇蒸气流入带有过滤器的乙二醇液封槽中，滤去刮下来的齐聚物残渣，过滤后的乙二醇用循环泵经冷却器冷却，在喷淋系统中使用，多余的乙二醇溢流至废乙二醇贮槽。

由第一预缩聚反应器出来的物料凭借位差和压差从底部进入卧式圆盘（5个室）第二预缩聚反应器，在温度为280~290 ℃、压力为1~2 kPa的条件下继续进行反应，反应时间约1 h，这时的酯化率约为99.5%，聚合度达到24左右。由于预缩聚反应中的物料是在较高的真空条件下进行反应的，采用乙二醇蒸气喷射器使反应器内产生真空。

第一预缩聚反应器加热夹套和气相抽出管线则由热媒蒸发器提供的气相热媒加热，第一、二预缩聚反应器的加热盘管和第二预缩聚反应器的夹套均由二次回路的液相热媒加热。

来自第二预缩聚反应器的预聚物由底部经泵送至卧式圆盘（8个室）终缩聚反应器，在温度为268~278 ℃、压力为125~130 Pa的条件下，反应3 h左右完成终缩聚反应。反应结束时，聚合物酯化率约为99.8%，聚合度可达100左右。终缩聚反应过程中蒸发出来的乙二醇蒸气从终缩聚反应器上部抽出，通过刮板冷凝器用低温乙二醇液体喷淋冷凝，喷淋的乙二醇在循环系统中采用7 ℃的冷冻水进行冷却，冷凝下来的气体进入乙二醇蒸气喷射器（三级），再通过液环真空泵作为最后排放级，使缩聚反应在真空条件下进行。

由终缩聚反应器出来的聚合产物熔体，经出料泵及熔体过滤器通过熔体分配阀，部分去直接纺长丝，另一部分先去铸带头进行铸带，然后落入水下切粒机的导流板，用脱盐水喷淋冷却，使带状熔体的表面凝固，在半固化状态下切粒，进一步冷却、固化、干燥后得产品聚酯切片。

学习情境四　高聚物的化学反应技术

任务　办公用胶水的生产

107 胶学名为聚乙烯醇缩甲醛胶黏剂，是以水为介质的溶液或乳液形成的胶黏剂。107 胶由于具有不起燃、价格较低、使用方便等特点，因此经常作为办公室胶水使用。聚乙烯醇缩甲醛胶黏剂的生产原料及产品示意图如图 4-1 所示。

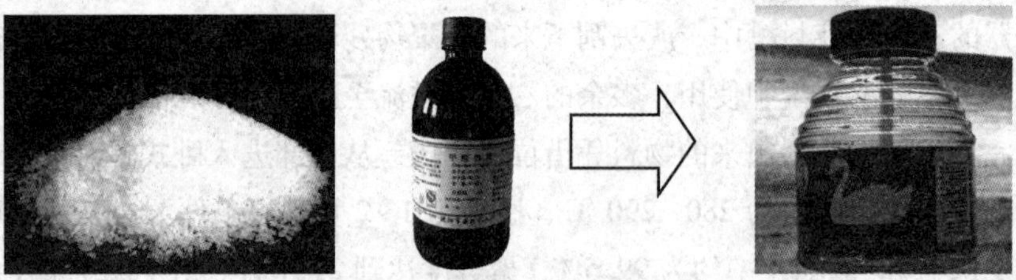

生产原料：聚乙烯醇和甲醛　　　　产品：胶水

图 4-1　聚乙烯醇缩甲醛胶黏剂的生产原料及产品示意图

【任务介绍】

以聚乙烯醇和甲醛为原料，选择合适的催化剂、其他试剂及生产设备，确定配料比，在给定的时间内，生产出符合要求的聚乙烯醇缩甲醛胶水。

产品质量要求：无色透明、黏结性强。

【任务分析】

聚乙烯醇缩甲醛反应属于高聚物的化学反应，一般采用溶液聚合的工业实施方法来实现产品的生产，通过控制缩醛度调节黏度，可以适用于不同场合的需要。

【相关知识】

一、聚乙烯醇缩甲醛胶水的产品简介

聚乙烯醇缩甲醛胶水是一种无色或微黄的黏稠液体。其可单独使用（如作为书刊装订胶用，建筑装修可用来粘贴壁纸和塑料地板，作为外墙涂料使用），也可与白水泥或者水泥砂浆混合配制成聚合物水泥砂浆使用（如可用来粘贴瓷砖，特别是墙面不平时，可用来抹平）。聚乙烯醇缩甲醛胶水产品如图 4-2 所示。

图 4-2 聚乙烯醇缩甲醛胶水产品

二、聚乙烯醇缩甲醛的性能及用途

1. 聚乙烯醇缩甲醛的性能

因缩醛化程度的不同，聚乙烯醇缩甲醛性质和用途也有所不同。它能溶于甲酸、乙酸、二氧六环、氯化烃（二氯乙烷、氯仿、二氯甲烷）、乙醇-苯混合物（30：70）、乙醇-甲苯混合物（40：60）以及 60%的含水乙醇等。它具有良好的黏结性、耐水性、耐油性、耐酸性、耐碱性、电气绝缘性等。

2. 聚乙烯醇缩甲醛的用途

聚乙烯醇缩甲醛可应用于各个领域中，具体用途如表 4-1 所列。

表 4-1 聚乙烯醇缩甲醛胶黏剂的用途

应用领域	应用实例	应用领域	应用实例
建筑	涂料、胶黏剂等	办公用品	胶水、装订胶等
纺织	维尼纶；主要用来制作衣服，也可用于制造各种缆绳、帆布，农用防风防寒纱布、缆绳、渔网、包装材料和过滤材料等	其他	发泡剂、研磨材料、胶黏剂、电气绝缘材料等

三、聚乙烯醇缩甲醛的生产工艺

1. 聚乙烯醇缩甲醛的生产原理

（1）单体的性质及来源。聚乙烯醇是一种水溶性高聚物，具有良好的溶解性和黏

度，是白色片状、絮状或粉末状固体，无味。它溶于水，不溶于汽油、煤油、植物油、苯、甲苯、二氯乙烷、四氯化碳、丙酮、醋酸乙酯、甲醇、乙二醇等，微溶于二甲基亚砜，是重要的化工原料。

工业上应用的聚乙烯醇是通过高分子化学反应由聚醋酸乙烯酯醇解而得到的。醇解反应可以在酸性或碱性介质中进行。

甲醛的性质及来源参照学习情境三中的任务一。

（2）生产原理。聚乙烯醇缩甲醛是利用聚乙烯醇与甲醛在盐酸催化的作用下制得的，其反应式如下：

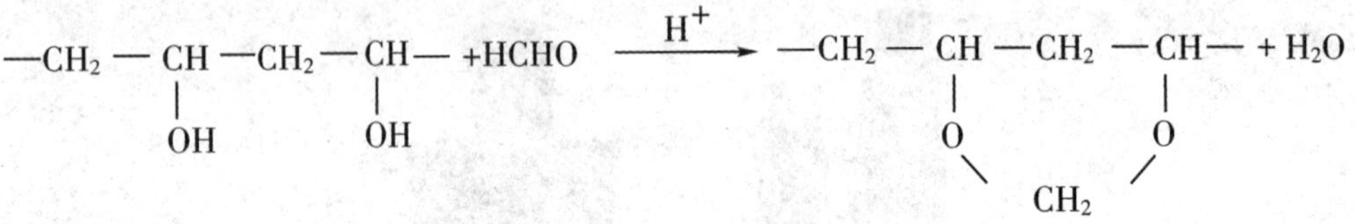

2. 聚乙烯醇缩甲醛的生产特点

由于概率效应，聚乙烯醇中邻近羟基成环后，中间往往会夹杂一些无法成环的孤立的羟基，因此缩醛化反应不完全。为了定量表示缩醛化的程度，于是定义已缩合的羟基量占原始羟基量的百分数为缩醛度。

合成水溶性聚乙烯醇缩甲醛胶水，反应过程中须控制较低的缩醛度，使产物保持水溶性。如反应过于猛烈，则会造成局部缩醛度高，导致不溶性物质存在于水中，影响胶水质量。

3. 聚乙烯醇缩甲醛的生产工序

聚乙烯醇缩甲醛胶水的生产一般采取水溶液聚合反应，聚乙烯醇的醇解度一般在1700~1800。聚乙烯醇缩甲醛胶水的生产流程图如图 4-3 所示。

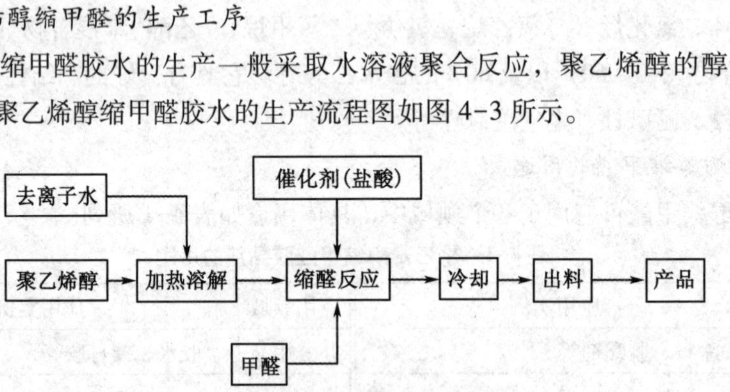

图 4-3　聚乙烯醇缩甲醛的生产流程图

4. 聚乙烯醇缩甲醛的生产控制因素

聚乙烯醇缩甲醛的缩醛度影响产品黏度，因此反应过程中，特别要注意严格控制催化剂用量、反应温度、反应时间及反应物比例等因素。

（1）催化剂用量。聚乙烯醇缩甲醛的水溶液反应使用盐酸作为催化剂，盐酸的用量对反应速率、产品的缩醛度都有影响。若盐酸的用量过多，反应速率过快，则缩醛度过高，易成固体；反之，若盐酸的用量过少，反应速率过慢，则缩醛度过低，黏结强度不够。

（2）反应温度。反应温度升高，反应速率加快。如反应温度过高，反应速率过快，则容易导致缩醛度过高，同时还易发生副反应，影响产品质量。

（3）反应时间。反应时间延长，有利于反应的完全。但反应时间过长，会导致缩醛度过高，还会导致副反应的发生，也会影响胶水的质量。

（4）反应物比例。聚乙烯醇和甲醛的比例对产品的质量影响很大。如甲醛过多，会导致缩醛度过高，产品凝结成凝胶状；甲醛过少，则黏度低，黏结强度不够。

【任务实施】

1. 仪器准备

（1）主要任务：完成仪器的选择、清洗与烘干。

（2）生产设备：恒温水浴锅 1 台，三口瓶（250 mL）1 个，搅拌装置 1 个，温度计（0~100 ℃）1 支，球形冷凝管 1 个，量筒（200 mL）1 个，量筒（20 mL）2 个。

（3）公用设备：烘箱、天平。

2. 生产原料

（1）主要任务：完成单体、引发剂及助剂的选择。

（2）单体：甲醛，分析纯；聚乙烯醇-1799（聚合度为 1700，醇解度为 99%）。

（3）催化剂：盐酸，分析纯。

（4）助剂：香精。

3. 聚乙烯醇溶解

（1）主要任务：将聚乙烯醇溶解成透明均一的溶液。

（2）具体操作：在 250 mL 三口瓶中，加入 90 mL 去离子水、7 g 聚乙烯醇，在搅拌下升温溶解。

4. 缩醛化反应

（1）主要任务：完成胶水的制备。

（2）具体操作：待聚乙烯醇完全溶解后，于温度为 90 ℃的作用下加入 4.6 mL 甲醛（40%工业甲醛）搅拌 15 min。再加入 1∶4 盐酸，控制反应体系 pH 值为 1~3，保持反应温度为 90 ℃左右，继续搅拌，使反应体系逐渐变稠，当体系中出现气泡或者产生絮状物时，立即迅速加入 1.5 mL 浓度为 8%的氢氧化钠溶液，同时加入 34 mL 去离子水，调节体系的 pH 值为 8~9。加入香精，调节气味，然后冷却降温出料，获得无色、透明黏稠的液体。

【归纳总结】

（1）仪器、设备需要预先干燥。

（2）二次水的加入时间控制要点：出现气泡或絮凝物立即加入。

（3）反应温度的控制。

（4）催化剂的加入：控制 pH 值。

（5）游离甲醛的含量的控制：甲醛的加入量及反应条件。

【综合评价】

对于本任务的综合评价见表 4-2。

表 4-2　聚乙烯醇缩甲醛胶水的生产项目评价表

序号	评价项目	评价要点
1	产品质量	无色或微黄黏稠液体
		有适合的黏结强度
2	原料配比	单体量、催化剂量及其他助剂量
3	生产过程控制能力	温度控制范围
		反应时间控制
		缩醛度控制
		二次水的加入
4	事故分析和处理能力	是否出现生产事故
		生产事故处理方法

【趣味项目】

固体胶水的制备。

【任务拓展】

以聚乙烯醇和丁醛为单体进行反应，生产结构黏合剂。

学习情境五　功能高分子的合成技术

任务　高吸水性高分子材料的生产

功能性高分子材料的研制和开发是高分子产品的一个重要的发展方向，这是由于功能性高分子材料具有独特的优良性能，极易在竞争中占领市场，高吸水性树脂就是其中的一种。高吸水性树脂的生产原料及产品示意图如图 5-1 所示。

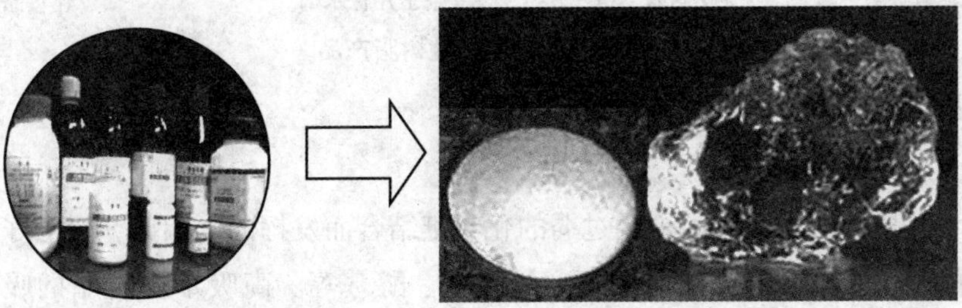

生产原料　　　　高吸水性树脂

图 5-1　高吸水性树脂的生产原料及产品示意图

【任务介绍】

以丙烯酸、氢氧化钠为原料，选择合适的引发剂、其他试剂及生产设备，确定配料比。在给定的时间内，生产出符合要求的高吸水性树脂。

产品质量要求：白色颗粒、吸水率为 600 g/g 以上。

【任务分析】

聚丙烯酸钠类高吸水性树脂的聚合遵循自由基型聚合反应机理，可以选择溶液聚合、悬浮聚合等工业实施方法来实现产品的生产，也可根据原料及产品的用途来选择。本任务是生产颗粒状聚丙烯酸钠高吸水性树脂，应选择反向悬浮聚合来实现。

【相关知识】

一、高吸水性树脂产品简介

高吸水性树脂（super absorbent polymers，SAP），是一种含有羧基、羟基等强亲水性基团并具有一定交联度的水溶胀型的高分子聚合物，不溶于水也不溶于有机溶剂，能够吸收是自身质量几百倍甚至上千倍的水，在工业、农业、林业、卫生用品等领域中得到广泛应用。高吸水性树脂产品如图 5-2 所示。

婴儿纸尿裤　无土盆栽　农业用保水剂　化妆品添加剂

图 5-2　高吸水性树脂产品

二、高吸水性树脂的性能及用途

1. 高吸水性树脂的性能

高吸水性树脂的吸水作用是通过弱的化学键结合而发挥的。因此，其分子结构中都含有大量的亲水基团，如羧基、羟基、酰胺基、醚基等。高吸水性树脂的吸水速度很快，在几分钟内就能吸收是自重百倍的水分，但对盐、碱和酸的吸收能力较差；高吸水性树脂吸水后，形成的凝胶需具有一定的强度，以维持良好的保水性和加工性能；高吸水性树脂受光、热作用稳定性好，易储存；高吸水性树脂还具有吸氨性、扩散性、安全性、相溶性等特殊性能；一般来说，高吸水性树脂可以重复利用。

2. 高吸水性树脂的用途

高吸水性树脂可应用于各个领域，具体用途如表 5-1 所列。

表 5-1　高吸水性树脂的用途

应用领域	应用实例	应用领域	应用实例
农业	土壤改良剂、保水剂等	医学卫生用品	敷贴膏、锭剂、绷带、创可贴、婴儿纸尿裤、妇女卫生巾等
建筑	止水材料、泥浆固化剂、密封材料等	日常	儿童玩具、固体芳香剂等
工业	脱水剂、增稠剂等	其他	蔬果保鲜剂、化妆品添加剂等

三、高吸水性树脂的生产工艺

1. 高吸水性树脂的生产原理

（1）单体的性质及来源。丙烯酸的化学式为 $C_3H_4O_2$，它是有机化合物，是最简单的不饱和羧酸，由一个乙烯基和一个羧基组成。纯的丙烯酸是无色、澄清液体，带有特征的刺激性气味，低毒，有腐蚀性。对光敏感，能发烟，它可与水、醇、醚和氯仿互溶。在氧存在下极易聚合，常加入一定量阻聚剂作为稳定剂。

丙烯酸的生产经历了氯乙醇法、氰乙醇法、高压 Reppe 法、烯酮法、丙烯腈水解法、丙烯直接氧化法。其中丙烯直接氧化法生产丙烯酸占主导地位。

（2）生产原理。聚丙烯酸钠类高吸水性树脂按自由基型聚合反应进行。聚合反应式如下：

$$n\mathrm{CH_2}=\underset{\displaystyle |\atop \displaystyle \mathrm{COONa}}{\mathrm{CH}} \longrightarrow \left[\mathrm{CH_2}-\underset{\displaystyle |\atop \displaystyle \mathrm{COONa}}{\mathrm{CH}}\right]_n$$

2. 高吸水性树脂的生产特点

聚丙烯酸钠类高吸水性树脂采用反相悬浮聚合，反相悬浮聚合是将水溶性单体在有机溶剂中分散成细小液滴并进行聚合反应的技术，其显著特征是体系中的液滴是油包水的。与正相悬浮聚合相比，反相悬浮聚合相当于将内相与外相进行了交换，体系中主要包括水溶性单体、水、油溶性分散剂、非极性有机溶剂、引发剂等。

3. 高吸水性树脂的生产工序

反相悬浮聚合是近些年发展起来的实现水溶性球状聚合物工业化生产的理想方法，与其他聚合方法相比，具有以下突出的优点：对设备和工艺要求简单；反应条件温和；体系黏度低；易于移出反应热；副反应少；溶剂可直接蒸馏回收；没有废水和环境污染等。图 5-3 所示为聚丙烯酸钠类高吸水性树脂的生产流程图。

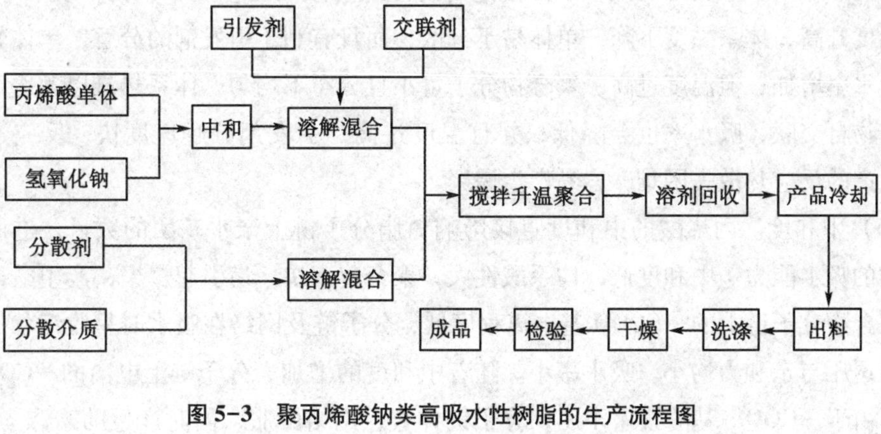

图 5-3　聚丙烯酸钠类高吸水性树脂的生产流程图

4. 高吸水性树脂生产控制因素

反向悬浮聚合反应条件温和，体系黏度低，易于移出反应热，但反应条件会影响吸水率及其他性能，而且如反应控制不当，易发生黏结结块甚至爆聚。因此，在生产过程中，要严格控制水油比、交联剂用量、引发剂用量、反应温度、中和度、反应时间等。

（1）水油比（单体与分散介质的质量比）。其变化主要影响反应的散热情况和聚合物相对分子质量的大小，也影响生产效率和后干燥处理。水油比大，聚合反应速率慢，聚合物相对分子质量小，甚至溶于水，故吸水率较低。而且水油比大会导致生产效率低，也会给后面的干燥工序增加负担。水油比小会导致聚合过程中散热困难、产生副交联、吸水率降低。

（2）交联剂用量。高吸水性树脂是三维立体网络结构，当交联剂用量太少时，聚合物未能形成网络结构，宏观上表现为水溶性。随着交联剂用量的增加，分子链网络逐渐形成，吸水率逐渐上升。交联剂用量过多，聚合物网络结构中的交联点增多，交联点之间的网链变短，网络结构中的微孔变小，吸水率反而下降。

（3）引发剂用量。它不仅影响反应速率、转化率、相对分子质量的大小，而且会影响反应是否会发生爆聚。引发剂用量较小时，反应活性中心少，反应速率慢，甚至不反应，导致转化率及交联均匀度低，吸水率也低。而且引发剂少会导致反应困难，诱导期相对较长，造成反应积累到一定程度突然快速反应，产生爆聚。引发剂用量过多，反应活性中心多，反应速率快，反应转化率也较高，但会增加大分子自由基终止的机会，使分子量下降，甚至会出现水溶性，使吸水率降低。而且如果反应速率快，会产生大量反应热，不易及时散失，容易导致反应产生爆聚。

（4）反应温度。它主要影响聚合反应速率，同时也影响聚合物的相对分子质量、交联密度和反应是否会出现爆聚。反应温度低时，反应速率慢，反应所需的时间长，生产效率低。而且因为温度低，引发剂分解速度慢，引发诱导期时间长，反应积累到一定阶段会突然爆聚，且交联度低，不能使聚合物形成有效的立体网状结构，吸水率较低。反应温度升高，体系黏度下降，单体易于分散，而且有利于引发剂的分解，单体转化率高，吸水率增加；但温度过高，聚合物分子量小且分布不均匀，体系热难以散去，造成局部产物自交联，吸水率也会降低；并且温度过高，引发剂分解速度快，反应速率较快，生产的反应热散失困难，容易产生爆聚。

（5）中和度。丙烯酸的中和度直接影响树脂分子链上亲水基团的数目，进而影响聚合物的吸水能力。中和度低，体系酸性大，聚合速率快，易引起爆聚，产生酸酐副交联且聚合物分子链上的—COOH 基电离程度低，分子链及网络在吸水时呈收缩状态，产生的渗透压与亲和力均小，吸水率小。随着中和度的增加，分子链上电离的—COO—基增加，由于—COO—基的排斥作用，分子链伸直，网络膨胀，同时产生的亲和力增强，渗透压增大，吸水率增加。中和度过高，网络结构上的离子浓度较大，水分子和离子之间的氢键既多又强，由于氢键具有方向性，用氢键结合的水分子在空间上有一定的取向，相邻的氢键彼此干扰排斥，此外，相邻的带电羧基基团亦相互排斥，限制分子链的自由运动，使聚合物的微孔不能充分发挥其贮水能力，导致聚合物的吸水率较低。

（6）反应时间。延长反应时间可以加深聚合程度。但反应到一定程度，反应趋于平衡，达到稳态聚合阶段，生成速率与消失速率相等，构成了动态平衡，即不受反应时间长短的影响。反应时间过长，会造成树脂降解、分子量变小、降低吸水率。

【任务实施】

1. 仪器准备

（1）主要任务：完成仪器的选择、清洗与烘干。

（2）生产设备：恒温水浴锅 1 台、三口瓶（250 mL）1 个、搅拌装置 1 个、温度计（0~100 ℃）1 支、球形冷凝管、烧杯（1000 mL）1 个、烧杯（100 mL）1 个、量筒（20 mL）1 个、量筒（100 mL）1 个。

（3）公用设备：烘箱、天平。

2. 生产原料准备

（1）主要任务：完成单体、引发剂及助剂的选择。

（2）单体：丙烯酸，分析纯；氢氧化钠，分析纯。

（3）引发剂：过硫酸钾或过硫酸铵，分析纯。

（4）分散剂：Span-60（山梨聚糖单脂肪酸酯），分析纯。

（5）分散介质：环己烷，分析纯。

（6）助剂：交联剂（N，N-亚甲基双丙烯酰胺），分析纯。

3. 聚合

（1）主要任务：完成聚丙烯酸钠类高吸水性树脂的制备。

（2）具体操作：在装有搅拌器、回流冷凝器、温度计的三口瓶中加入 0.8 g 分散剂和一定量的环己烷，加热到 45 ℃，搅拌 30 min 使分散剂充分溶解。称取一定量丙烯酸用浓度为 7.5 mol/L 的氢氧化钠溶液，中和至中和度为 70%~80%，冷却后依次加入定量的引发剂和交联剂。将其搅拌混合均匀，充分溶解后加入三口瓶，升温至 72 ℃搅拌反应 1.5 h 左右，将反应混合物冷却、抽滤、真空干燥后进行性能的测定。

4. 性能检测

主要任务：测试产品的吸水率。

需要注意的是，吸水率是指 1 g 高吸水性树脂所吸收的离子水的质量，单位为 g/g。

【归纳总结】

（1）仪器、设备需要预先干燥。

（2）分散剂的溶解：透明、均一。

（3）聚合温度的控制：取决于引发剂的分解温度。

（4）搅拌控制：搅拌速度。

【综合评价】

对于本任务的综合评价见表 5-2。

表 5-2　高吸水性树脂的生产项目评价表

序号	评价项目	评价要点
1	产品质量	白色颗粒，不黏结
		吸水率为 600 g/g 以上
2	原料配比	单体量、引发剂量及其他助剂量
3	生产过程控制能力	温度控制范围
		颗粒大小控制
		聚合反应时间控制
4	事故分析和处理能力	是否出现生产事故
		生产事故处理方法

【趣味项目】

（1）制作固体芳香剂。

（2）制作彩色无土栽培盆栽。

【任务拓展】

（1）制备淀粉接枝丙烯酸高吸水性树脂。

（2）制备纤维素接枝丙烯酸高吸水性树脂。

参考文献

[1] 胡学贵. 高分子化学及工艺学[M]. 北京:化学工业出版社,1991.

[2] 赵进. 高聚物合成工艺学[M]. 3 版. 北京:化学工业出版社,2020.

[3] 侯文顺. 高聚物生产技术[M]. 2 版. 北京:化学工业出版社,2012.

[4] 薛叙明,张立新. 高分子化工概论[M]. 北京:化学工业出版社,2011.

[5] 徐玲. 高分子化学[M]. 2 版. 北京:中国石化出版社,2010.

[6] 卢江,梁晖. 高分子化学[M]. 2 版. 北京:化学工业出版社,2010.

[7] 张兴英,程珏,赵京波. 高分子化学[M]. 北京:化学工业出版社,2006.

[8] 邴涓林,黄志明. 聚氯乙烯工艺技术[M]. 北京:化学工业出版社,2008.

[9] 张晓黎. 高聚物产品生产技术[M]. 北京:化学工业出版社,2010.

[10] 韦军. 高分子合成工艺学[M]. 上海:华东理工大学出版社,2011.

[11] 中国石油化工集团公司人事部,中国石油天然气集团公司人事服务中心. 聚酯装置操作工[M]. 北京:中国石化出版社,2007.

[12] 张立新. 高聚物生产技术[M]. 2 版. 北京:化学工业出版社,2016.